lamiae JADOUAL

Emissões ópticas de produtos de pulverização de metais Ni, Cr, Ti

lamiae JADOUAL

Emissões ópticas de produtos de pulverização de metais Ni, Cr, Ti

ScienciaScripts

Imprint

Cover image: www.ingimage.com

This book is a translation from the original published under ISBN 978-620-6-69081-8.

Publisher:
Sciencia Scripts
is a trademark of
Dodo Books Indian Ocean Ltd. and OmniScriptum S.R.L publishing group

120 High Road, East Finchley, London, N2 9ED, United Kingdom
Str. Armeneasca 28/1, office 1, Chisinau MD-2012, Republic of Moldova, Europe
Managing Directors: Ieva Konstantinova, Victoria Ursu
info@omniscriptum.com

Printed at: see last page
ISBN: 978-620-8-61211-5

Conteúdo

O meu tio
Para a minha mãe
À minha tia e ao seu marido
A todos os meus professores

A todos aqueles que me amam

Obrigado

Este trabalho foi realizado no âmbito da equipa SIAM (Spectroscopy and Atomic Imaging of Materials) da Faculdade de Ciências Semlalia da Universidade Cadi Ayyad de Marraquexe. Gostaria de expressar os meus mais sinceros agradecimentos ao Sr. **A. KADDOURI** por me ter acolhido no seu laboratório e por ter orientado e dirigido o trabalho desta tese. Graças à sua grande experiência e à sua perfeita compreensão, pude concluir este trabalho. Os seus conselhos e críticas foram inestimáveis. É muito difícil para mim exprimir nestas poucas linhas toda a gratidão e respeito que lhe devo. Gostaria de expressar a minha sincera gratidão pela sua constante disponibilidade.

Os meus sinceros agradecimentos vão também para o Sr. **A. OUTZOURITH**, professor da Faculdade de Ciências de Semlalia, em Marraquexe, por ter tido a amabilidade de presidir ao júri. Agradeço-lhe igualmente a disponibilização das amostras de óxido.

Gostaria de exprimir os meus sinceros agradecimentos e a minha profunda gratidão aos Professores **A. ARBAOUI, K. BOUABID e M. El AATMANI** pela sua amabilidade na apreciação e elaboração do relatório deste trabalho. Estou-lhes muito grato e agradeço-lhes também a sua participação neste júri.

Gostaria também de exprimir a minha gratidão aos Professores **H. AOUCHICHE** e **H. OUGHADDOU** por terem aceitado examinar este trabalho e pelo incómodo de se deslocarem do estrangeiro para participarem no júri da tese. Têm o meu mais profundo respeito.

Apreciei muito a disponibilidade e a paciência dos Srs. **M. Ait El Fqih**, **A. El Boujlaidi**, **N. Rochdi**, **H. Afkir** e da Sra. **R. Jordanie.** Gostaria de lhes agradecer as discussões frutuosas que tivemos, os seus conselhos e também a atmosfera amigável que criaram ao longo dos anos da minha tese.

Gostaria também de agradecer a todos os meus amigos que me deram apoio moral e que sempre me ajudaram e encorajaram na realização deste trabalho.

Finalmente, gostaria de expressar os meus mais sinceros agradecimentos a todos os membros da minha família, em particular ao meu tio **AbdelKebir FARHANE** e às minhas tias **Mina GASSIM e Bouchra BELKZIZ** pelo apoio e confiança que me demonstraram ao longo deste trabalho. Estou muito grato às minhas primas **Malika, Imane** e **Ilhame** pelo seu encorajamento e humanidade.

Resumo

Quando um feixe iões positivos com uma energia cinética de alguns keV interage com um alvo sólido, ocorre a pulverização catódica e são ejectadas partículas (electrões, átomos neutros, iões moleculares, etc.) caraterísticas do alvo. Este tipo de interação provoca também a ejeção de partículas em estados eletronicamente excitados que podem ser desactivados pela emissão de radiação electromagnética. O estudo desta radiação luminosa tem-se revelado muito interessante, pois tem permitido elucidar os mecanismos pelos quais se formam espécies excitadas na vizinhança de uma superfície, e compreender os processos pelos quais estas espécies são desactivadas. Do mesmo modo, a medição das intensidades e dos comprimentos de onda destas radiações permitiu desenvolver uma técnica de caraterização da superfície e da profundidade dos materiais. Esta técnica espectroscópica é conhecida pelo acrónimo SIPS (Sputter Induced Photon Spectroscopy) e é altamente complementar às técnicas existentes de análise de superfícies e interfaces.

Este trabalho está a ser realizado pela equipa SIAM (Spectroscopy and Atomic Imaging of Materials) da Universidade Cadi Ayyad. Trata-se de utilizar a técnica SIPS para estudar a luminescência de amostras de Ni, Cr, Ti e dos óxidos NiO e Cr_2O_3. $^{+\circ}$Os alvos são bombardeados com iões Kr de 5 keV num ângulo de 65 em relação à normal e a gama espetral explorada estende-se desde o UV próximo até ao visível.

Os estudos que realizámos podem ser resumidos da seguinte forma:

1) Demonstração das emissões ópticas de sprays de três metais: níquel, crómio e titânio bombardeados no vácuo (melhor que 10 $_{7}$ torr).

2) Medição dos espectros ópticos destes três metais numa atmosfera de oxigénio de 10 $_{5}$ torr.

3) Medição dos espectros de luminescência dos óxidos de NiO e Cr_2O_3.

4) Identificação das linhas espectrais medidas e comparação das suas intensidades relativas e absolutas na ausência e na presença de oxigénio.

5) Interpretação do efeito do oxigénio nos espectros de luminescência.

6) Análise e aplicação do modelo de troca de electrões. Estimativa da afinidade eletrónica e do "band gap" dos óxidos.

Todo o trabalho apresentado foi objeto de cinco publicações (3 já publicadas e duas em processo de submissão) e cerca de quinze comunicações apresentadas em eventos científicos internacionais e nacionais.

Palavras chave: Bombardeamento iónico, pulverização catódica, espectros de luminescência, metais e óxidos, efeito do oxigénio, modelo de troca de electrões.

الاشعاعات الضوئية الناتجة عن تفتت الأجسام الصلبة لنيكل، الكروم، التيتانيوم أكسيد النيكل وأكسيد الكروم الخاضعة للقصف الأيوني

ملخص

خلال التفاعل بين حزمة من الأيونات الموجبة ذات طاقة حركية تناهز بضع كيلوا إلكترون- فولط (keV) مع هدف صلب، يحدث تفتت وتتطاير جسيمات مميزة للهدف (إلكترونات، ذرات محايدة، أيونات، وجزيئات إلخ.....).

هذا النوع من التفاعل يؤدي أيضا إلى قذف بعض الدقائق المحفزة إلكترونيا تعود إلى حالتها الأصلية بإرسال إشعاعات كهرومغناطيسية.

إن دراسة هذه الإشعاعات الضوئية تكتسي أهمية بالغة لأنها تتيح معرفة آليات تكوُّن الأنواع المحفزة بجوار السطح وفهم كيفية عودتها إلى الحالة غير المحفزة. وكذلك فقد مكن قياس شدة وأطوال موجة هذه الإشعاعات من تطوير تقنية لدراسة خصائص السطح والعمق للمواد. هذه التقنية معروفة ب "SIPS" وهي مكملة للتقنيات المستعملة في دراسة السطوح والفواصل.

تم إنجاز هذا العمل من طرف فريق البحث "سيام" (SIAM) "المطيافية والتصوير الذري للمواد" بجامعة القاضي عياض. وتهدف هذه التقنية (SIPS) إلى دراسة إشعاعية لكل من النيكل Ni ، الكروم Cr، التيتانيوم Ti ، أكسيد النيكل NiO وكذا أكسيد الكروم Cr_2O_3، بفعل تعريضها إلى قصف أيوني بواسطة أيونات الكريبتون Kr^+ ذات طاقة حركية تصل إلى 5 كيلوا إلكترون- فولط (keV) ومن زاوية 65 درجة بالنسبة للمنظمي على السطح، يمتد المجال الطيفي من مجال الأشعة فوق البنفسجية القريبة إلى المجال المرئي.

يمكن تلخيص الدراسات التي قمنا بها كما يلي :

1- إبراز الانبعاثات الضوئية لكل من النيكل، الكروم والتيتانيوم عند تعريضها لقصف موضعي في الفراغ تحت ضغط أقل من 10^{-7} تور(torr).

2- قياس الأطياف الضوئية للمعادن الثلاث في محيط من الأوكسجين تحت ضغط يصل إلى 10^{-5} تور (torr).

3- قياس الأطياف الضوئية لكل من أكسيد النيكل NiO وأكسيد الكروم Cr_2O_3.

4- تحديد وقياس خطوط الطيف ومقارنة شداتها المطلقة والنسبية بغياب ووجود الأوكسجين.

5- تفسير تأثير الأوكسجين على الأطياف الإشعاعية.

6- فحص وتطبيق نموذج التبادل الإلكتروني واستخلاص كل من قيمة القدرة الإلكترونية و فجوة الطاقة (gap) للأكاسيد.

شكلت الأعمال المقدمة في هذا البحث موضوع خمس مقالات علمية (نشرت ثلاثة منها واثنتان في طورالتقديم) وأزيد من خمسة عشر مشاركة في عدة مؤتمرات دولية ووطنية.

الكلمات الدالة : القصف الأيوني، دائرة التفتت، الأطيف الإشعاعية، المعادن والأكاسيد، تأثيرالأوكسجين، نموذج التبادل الإلكتروني.

Introdução geral

Esta tese descreve um conjunto de trabalhos científicos que realizámos nos últimos quatro anos. Centra-se nas emissões ópticas medidas durante a pulverização catódica de uma superfície sólida sujeita à ação erosiva um feixe de iões.

Está bem estabelecido que a interação ião-sólido é um campo de investigação em rápida expansão, uma vez que os vários produtos desta interação são frequentemente caraterísticos da composição química do alvo; podem então ser utilizados como base para técnicas de estudo e caraterização do alvo. Estas técnicas incluem a SIMS (Espectrometria de Massa de Iões Secundários) [1], a SNMS (Espectroscopia de Massa de Neutrões Espargidos) [2], a RBS (Espectroscopia de Dispersão de Rutherford) [3], a ISS (Espectroscopia de Dispersão de Iões) [4], a GD-OES (Espectroscopia de Emissão Ótica por Descarga Luminosa) [5], a PIXE (Emissão de Raios X Induzida por Protões) [6], etc. Este tipo de interação pode também dar origem à emissão de radiação electromagnética resultante da desativação de partículas formadas durante a pulverização catódica para estados excitados, sendo esta técnica frequentemente designada pela sigla SIPS (Sputter-Induced Photon Spectroscopy) [7,8]. Baseada na deteção da luz emitida durante a interação ião-sólido, esta técnica consiste em identificar, através da medição das intensidades e comprimentos de onda das emissões ópticas, as partículas ejectadas em estados electrónicos excitados durante a pulverização catódica induzida um feixe de iões energéticos. O estudo destas emissões ópticas tem-se revelado muito interessante, tanto a nível teórico como prático.

De um ponto de vista fundamental, o método SIPS tem um interesse potencial, nomeadamente para o estudo da interação ião-superfície e para a compreensão do comportamento de um átomo excitado ou ionizado na proximidade uma superfície. Além disso, o estudo dos espectros de luminescência permitiu desenvolver modelos para explicar o mecanismo de formação e de desexcitação das espécies excitadas responsáveis pela radiação luminosa. É também uma forma interessante de estudar o fenómeno de adsorção; de facto, muito trabalho tem dedicado à análise de superfícies na presença de gás oxigénio e à sua influência nas emissões luminosas [9,10]. Foram propostos modelos teóricos para explicar esta influência, e o SIPS foi utilizado para estudar a competição entre transições radiativas e não radiativas de átomos excitados pulverizados perto da superfície. Do mesmo modo, o estudo de óxidos por SIPS é muito interessante porque foi possível determinar ou confirmar os valores do gap e da afinidade eletrónica do óxido [11,12].

De um ponto de vista prático, o exame dos espectros de luminescência permite determinar a natureza dos elementos ejectados e, por conseguinte, a composição química da amostra bombardeada. A gama espetral explorada estende-se geralmente do UV próximo ao visível (190 a 650 nm), o que permite estudar e identificar praticamente todos os elementos. Esta técnica é também uma ferramenta poderosa para a deteção de impurezas na superfície ou nas camadas profundas das amostras analisadas. A SIPS foi também utilizada com êxito para estudar a difusão de elementos através de camadas nanométricas [13].

O método SIPS é uma via relacionada com os métodos existentes, tais : espetrometria de massa de iões secundários (SIMS), espetroscopia de electrões Auger (AES), espetrometria de fotoelectrões induzidos por raios X (XPS) e análise de massa por ionização a laser (LIMA). Estas técnicas de análise e perfilagem da superfície permitem obter uma precisão muito elevada da composição das camadas superficiais e das interfaces. Para obter o máximo de informações, nomeadamente no caso de sistemas complexos, é frequentemente útil combinar vários métodos de análise. De facto, os equipamentos recentes integram vários analíticos e/ou de estudo textural no mesmo sistema de bombagem. Em particular, a técnica SIPS é considerada altamente complementar à técnica SIMS (Espectrometria de Massa de Iões Secundários), uma vez que estes dois métodos utilizam o mesmo tipo de sonda de excitação, ou seja, um feixe de iões. No entanto, a SIPS tem a vantagem de não ser sensível à carga espacial, uma vez que os fotões são detectados. Dado que é apenas ligeiramente destrutiva (0,5 Â/s), esta técnica deverá permitir uma análise qualitativa e quantitativa das camadas superficiais um alvo, tal como acontece com o SIMS estático. A ação erosiva do feixe incidente permite não só seguir o perfil de inserção dos diferentes elementos numa dada matriz, mas também examinar continuamente o crescimento de camadas finas ou de depósitos.

$^+$O estudo que realizámos neste trabalho diz respeito utilização do espetrómetro SIPS para amostras de Ni, Cr, Ti e óxidos NiO e Cr2O3 bombardeadas por feixe de iões Kr com uma energia cinética de 5 keV. Este espetrómetro, instalado no laboratório SIAM (Spectroscopy and Atomic Imaging of Materials) da Universidade Cadi Ayyad, tem sido amplamente utilizado para um grande número de estudos fundamentais e práticos [11-16]. As experiências que realizámos com estas amostras foram efectuadas sucessivamente num bom vácuo (<10 7 torr) e depois numa atmosfera de um gás quimicamente reativo, caso o oxigénio.

O nosso objetivo é, em primeiro lugar, destacar os espectros de luminescência das amostras estudadas e, em seguida, examinar o efeito do oxigénio na radiação ótica emitida. Também comparamos os nossos resultados experimentais com o modelo de troca de electrões entre as espécies ejectadas e a superfície. Este modelo tem sido amplamente utilizado e validado para outros metais que não os estudados no presente trabalho [8,11,12,17].

O presente trabalho pretende ser uma contribuição para o estudo da luz emitida durante a pulverização catódica das camadas superficiais de um sólido sujeito a bombardeamento iónico. Consideramos também que os resultados obtidos constituem uma base de dados espectroscópicos para os três elementos estudados, nomeadamente : Ni, Cr e Ti e os óxidos NiO e Cr2O3.

O presente relatório está dividido em quatro capítulos e um apêndice:

O primeiro capítulo é descrito em duas partes (A e B). A primeira é dedicada aos aspectos fundamentais da pulverização catódica de um alvo sólido. A segunda apresenta uma cronologia de alguns dos trabalhos efectuados sobre a luz emitida durante a pulverização catódica de uma superfície sólida.

O segundo capítulo apresenta uma descrição detalhada do espetrómetro SIPS instalado no nosso laboratório e utilizado para realizar as nossas experiências.

No terceiro capítulo, apresentamos e discutimos os espectros de luminescência obtidos para alvos de níquel, crómio e os óxidos NiO e Cr2O3. Descrevemos as condições experimentais em que estes espectros foram obtidos e mostramos que a presença de oxigénio durante a pulverização catódica é um parâmetro chave no rendimento da emissão de fotões.

O último capítulo é dedicado aos resultados experimentais obtidos quando se bombardeia um alvo de titânio limpo na presença de oxigénio (titânio oxigenado). A luminescência deste alvo revela também uma radiação contínua (continuum) que discutiremos.

Finalmente, apresentamos em apêndice um estudo que tivemos de efetuar em paralelo com os anteriores. Trata-se da distribuição angular dos produtos de pulverização de uma amostra de cobre e de uma liga binária de cobre-berílio.

Capítulo 1

Pulverização de uma superfície sólida
&
origem da luz emitida durante a pulverização

Parte A

Pulverização de uma superfície

superfície

Introdução

A interação de um feixe iões com uma energia cinética de alguns keV com uma amostra sólida resulta na rejeição de partículas de vários tipos, muitas vezes com a emissão de radiação electromagnética. Na primeira parte, iremos rever os aspectos fundamentais do fenómeno de pulverização catódica de um alvo sólido por um feixe de iões, bem como os parâmetros que influenciam este fenómeno, tais como a natureza do alvo, a estequiometria, o grau de pureza da superfície, a presença de oxigénio, a natureza dos iões incidentes, a sua energia e ângulo de ataque.

Na segunda parte, apresentaremos os detalhes da luz emitida durante o bombardeamento de um sólido por feixe de iões energéticos. Descreveremos os mecanismos de excitação e desativação radiativos e não radiativos que estão em jogo durante a pulverização das camadas superficiais de um sólido. Estes mecanismos foram explicados por modelos geralmente desenvolvidos com base em hipóteses sobre a origem da formação dos estados excitados. No entanto, a questão fundamental, cuja resposta nos permite decidir entre os diferentes modelos, é a seguinte: estado excitado radiativo tem origem no exterior ou no interior do alvo? Por outras palavras, as emissões ópticas observadas são devidas a :

> À excitação de partículas numa camada fina acima do sólido?

> Partículas neutras ejectadas da superfície no estado fundamental e excitadas eletronicamente pelo feixe de iões incidente ou pelos electrões rápidos, também ejectados da superfície?

> Excitações induzidas por colisões entre partículas lentas e partículas rápidas ejectadas da superfície?

Ou, muito simplesmente: átomos que são excitados no interior do sólido e deixam a superfície num estado metaestável com energias cinéticas translacionais elevadas, escapando assim às desactivações não radiativas causadas pela presença da superfície sólida.

I. Fenómeno de pulverização

I.1. Descrição

Quando um ião incidente energético colide com um átomo alvo, transfere parte da sua energia cinética para este último. Este primeiro átomo em colisão pode também colidir com outros átomos do alvo, podendo distinguir-se três regimes de colisão, como se mostra na figura 1-1 [18] :

> **O regime de colisão simples:** Neste regime, a pulverização catódica é caracterizada pelo pequeno número de átomos postos em movimento quando o ião projétil abranda. Neste caso, a pulverização catódica é induzida por sequências muito curtas de colisões que podem levar à ejeção de átomos (Fig. 1-1a). Um ião incidente retrodifundido pode transferir energia suficiente para um átomo da superfície para ultrapassar a barreira de potencial da superfície. As energias são inferiores a 1 keV.

> **A cascata linear de colisões :** Neste regime, os projécteis têm uma energia de alguns keV. Os átomos-alvo adquiriram energia suficiente para gerar colisões em cascata que fazem com que os átomos sejam ejectados da superfície (Fig. 11b). Neste caso, os átomos em movimento apenas colidem com os átomos estacionários; este é o caso geral do sputtering utilizado nas técnicas conhecidas pelos acrónimos SIMS [1,19] e SIPS [7,12]. Esta última é a técnica utilizada neste trabalho.

> **O regime de pico térmico:** Neste regime, os projécteis têm uma energia superior a um MeV. O número de átomos postos em movimento é muito grande e, neste caso, as colisões

são entre átomos em movimento. Uma cascata já não é uma sequência de colisões sucessivas e independentes entre átomos em movimento e átomos em repouso. O caminho livre médio entre duas colisões envolvendo dois átomos em movimento torna-se suficientemente pequeno para definir um volume no qual todos os átomos estão em movimento (Fig. 1-1c).
Nos dois últimos regimes, os átomos do recuo primário são suficientemente energéticos para gerar recuos secundários. Alguns átomos podem aproximar-se da superfície do alvo e atravessar a barreira superficial.

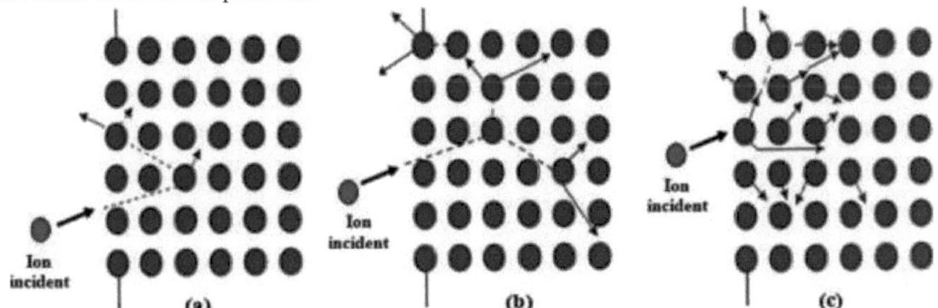

Figura 1- 1: Representação esquemática da interação ião-superfície (a) Colisões simples (b) Cascatas lineares (c) Picos térmicos

I.2. Potência de paragem

Os iões incidentes que penetraram no sólido acabam por abrandar e depois param no sólido a uma profundidade que depende da potência de paragem. A potência de paragem é a quantidade de energia cinética perdida pelo ião por unidade de distância percorrida. Pode ser decomposta em três termos cujos valores relativos dependem, entre outros factores, da energia cinética do ião incidente e da sua massa. Estes três termos são :

> Poder de paragem nuclear, que envolve uma colisão direta entre os núcleos dos iões incidentes e os do alvo.

> A de paragem eletrónica, cuja origem se deve a um acoplamento entre o ião incidente e a nuvem de electrões dos átomos do alvo.

> O poder de paragem por troca (negligenciável) que envolve uma troca de carga entre o ião em movimento e as partículas do alvo.

A potência de paragem total uma partícula é expressa como :

r/v \ r/v / .

nucl elee

A Figura 1-2 mostra a variação da potência de paragem nuclear e da potência de paragem eletrónica em função da energia do projétil Cs num alvo de Si. Esta variação é simulada pelo programa SRIM [20]. No entanto, o comportamento e as ordens de grandeza permanecem próximos para os iões pesados e os átomos do alvo. A figura 1-2 mostra três zonas distintas:

> **Entre 1 keV e 1 MeV**: A maior parte da perda de energia é devida a colisões nucleares. As colisões serão, portanto, quase-elásticas.

> **Entre 1 MeV e 1 GeV**: O abrandamento do ião deve-se principalmente à interação com os electrões do alvo. A interação nuclear com os átomos do alvo torna-se fraca, o que reduz o número de partículas inicialmente postas em movimento pelo projétil. Em contrapartida, a probabilidade de ionizar os átomos do alvo aumenta.

> **Após 1 GeV**: Já não existe qualquer interação com os átomos do alvo e a potência de

paragem eletrónica diminui à medida que a energia aumenta. A gama de energia geralmente utilizada para a pulverização catódica de sólidos é aquela em que predomina o poder de paragem nuclear.

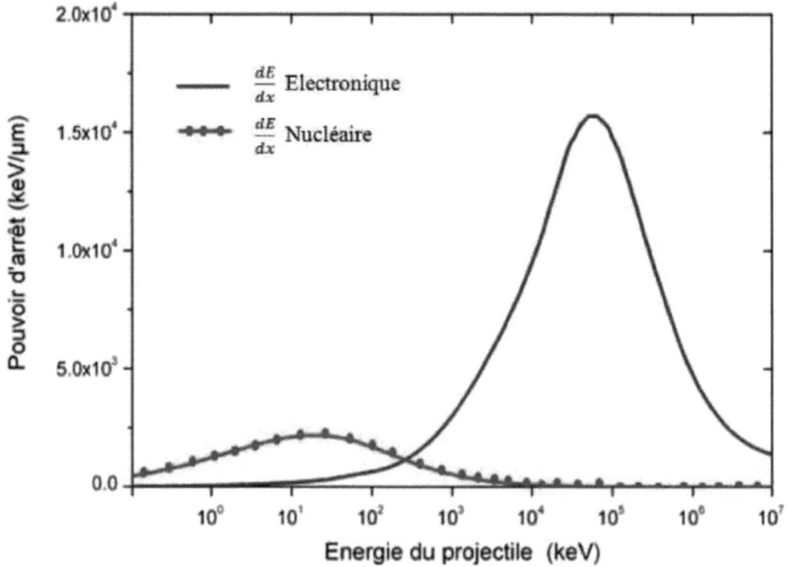

Figura 1.2: Perda de energia cinética devido a interações nucleares e electrónicas em função da energia da partícula de Cs incidente num alvo de Si; segundo [21].

I.3. Rendimento da pulverização

A principal caraterística do fenómeno de pulverização catódica é o rendimento de pulverização catódica, designado por S. Este é definido como o número médio de partículas (átomos ou moléculas) arrancadas do alvo por cada ião incidente.

$$S = \frac{\text{Nombre de particules éjectées}}{\text{Nombre d'ions incidents}}$$

Número de partículas ejectadas

Número de iões incidentes

Este coeficiente pode ser determinado com uma microbalança de quartzo, medindo a diferença massa antes e depois do bombardeamento. Pode também ser determinado medindo a profundidade das células com um microscópio ou medindo diretamente a quantidade de material recolhido num determinado ângulo sólido.

Numerosos parâmetros têm uma grande influência na eficiência da pulverização, incluindo :

> A energia do ião incidente, a sua massa e o ângulo de ataque.

> O estado químico do alvo, a sua natureza cristalográfica (cristalina ou amorfa) e a sua temperatura.

> O número atómico do alvo.

> O grau de vácuo em que o bombardeamento tem lugar.

A maioria destes parâmetros é difícil de compreender, o que impede uma formalização analítica global da taxa de pulverização. No entanto, para a maioria dos sólidos amorfos ou policristalinos bombardeados por iões de alguns keV, S pode ser previsto satisfatoriamente pelo modelo de cascata linear.

Sigmund [22] apresentou uma expressão para S para um alvo que contém átomos de massa M e número atómico Z bombardeados sob incidência normal por iões primários de massa Mp e número atómico z_p.

$$S_0 = \frac{0.042}{U} \alpha \left(\frac{M}{Mp}\right) s_n(E_p)$$

> 0,042 é expresso em A 2.

> $\alpha\left(\frac{M}{Mp}\right)$ é uma função da razão mássica obtida graficamente.

> U é a energia de ligação em eV do átomo à superfície, que é geralmente considerada igual à energia de sublimação.

> $s_n(E_p)$ a potência de paragem nuclear.

A variação da eficácia da pulverização com o ângulo de incidência do feixe é regida pela lei :

$$S = S_0(\cos\theta)^{-5/3}$$

No entanto, estes cálculos não são válidos a energias muito baixas E_p ou para iões leves, porque a energia transferida é insuficiente para colisões em cascata. Do mesmo modo, não são válidos a energias elevadas ou para iões pesados, porque a energia transferida produz uma cascata ramificada em que praticamente todos os átomos da região são postos em movimento. Finalmente, não têm importância para grandes ângulos de incidência, em que uma grande proporção dos iões primários é retrodifundida.

II. Influência dos parâmetros de bombardeamento

O rendimento de pulverização catódica S, também conhecido como taxa erosão, depende natureza do alvo, natureza do ião incidente e das condições de ataque. A cascata de colisão é altamente dependente do par ião-alvo e, dependendo do caso, a cascata pode ser muito extensa ou restrita.

II.1. . A energia dos iões incidentes

A eficiência da pulverização catódica depende da energia iões incidentes. $^{++}$A Figura 1-3 ilustra esta variação para alvos de cobre, molibdénio, níquel, ferro e tungsténio bombardeados com incidência normal por iões N_2 e N [23]. A eficiência máxima de pulverização catódica é atingida a partir de 5 keV.

Quando analisamos a taxa de pulverização um alvo em função da energia do ião incidente, verificamos que existe uma energia E_s (energia limite) abaixo da qual nenhum átomo pode ser ejectado. Existem três gamas de energia do ião incidente (Fig. 1-4) que podem ser descritas da seguinte forma [24] :

> **Região I**: Abaixo do limiar de pulverização catódica ($E<E_s$); a interação ião-substrato conduz essencialmente a trocas electrónicas. Neste caso, nenhum átomo é ejectado do alvo.

> **Região II**: Para um valor igual ou superior ao limiar de pulverização catódica ($E > E_s$), os efeitos das cascatas de colisão começam a manifestar-se devido deslocamentos atómicos que produzem. Nesta altura, os átomos podem ejectados do alvo utilizando os mecanismos de pulverização catódica descritos no parágrafo anterior.

> **Região III**: Acima do limiar de pulverização catódica ($E > E_s$); esta é a região ativa da pulverização catódica; há um rápido aumento de S, seguido de um patamar de saturação que é rapidamente atingido se as massas do par ião-alvo forem muito diferentes.

A saturação também se deve à evaporação da superfície da amostra (regime de pico térmico).

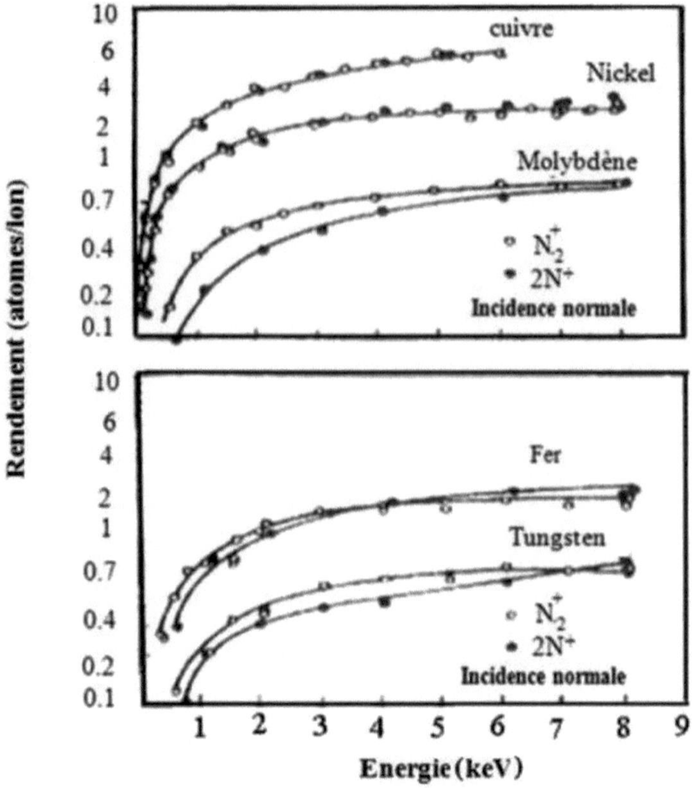

Figura 1-3: Variação da eficiência da pulverização catódica em função da energia dos iões Primário para vários alvos; de acordo com [23].

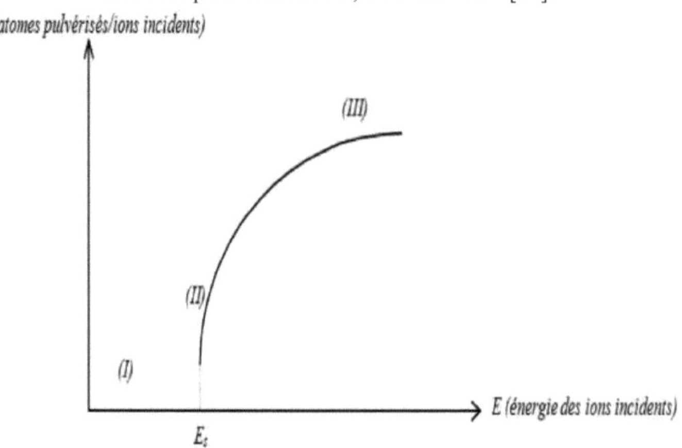

Figura 1-4: Variação da eficiência da pulverização catódica em função energia do ião incidente; segundo [25].

II.2. . Ângulo de incidência

O ângulo θ que a direção dos iões incidentes faz com a normal à superfície tem uma influência muito crítica na eficiência da pulverização catódica. °No caso do cobre, por exemplo, S aumenta com o ângulo θ e atinge um máximo em torno de 65 (Fig. 1-5); isto significa que a energia depositada como resultado da cascata de colisões nas camadas exteriores e o número de átomos deslocados nesta região aumentam com ângulo de incidência até ao valor 65 . Após este valor, a eficiência da pulverização catódica diminui e, neste caso, a maioria dos iões incidentes é retrodifundida pelos átomos na superfície do alvo.

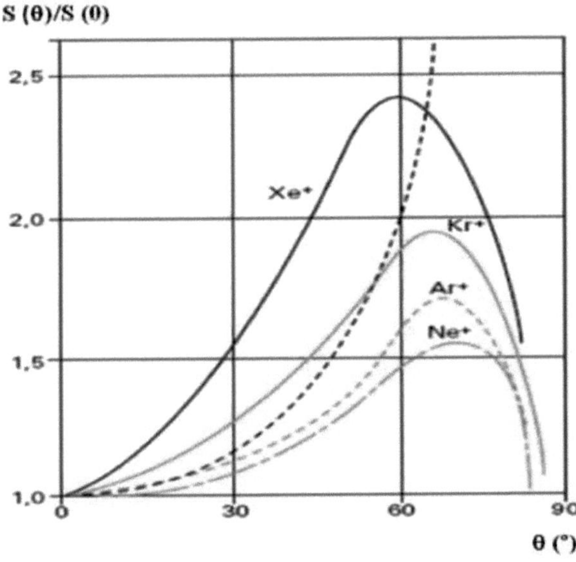

Figura 1-5: Variação da eficiência da pulverização catódica com o ângulo de incidência para diferentes feixes primários de energia de 1,05 keV num alvo de cobre; de [26].

II.3. . Efeito da atmosfera residual

A pressão do gás residual na vizinhança da superfície da amostra bombardeada tem uma enorme influência no rendimento da pulverização. Este efeito torna-se significativo quando são introduzidos compostos quimicamente activos, como o oxigénio ou o césio. ⁺A figura 16 mostra a variação de S em função da pressão de oxigénio para um alvo de silício bombardeado com iões de árgon Ar com uma energia de 5,5 keV [27]. A redução observada atinge um fator de 4 quando a superfície está saturada de oxigénio. A Tabela 1-1 apresenta alguns valores de rendimento de pulverização catódica para metais em função da pressão parcial de oxigénio. É evidente que se verifica uma diminuição do rendimento de pulverização catódica S quando a pressão de oxigénio aumenta. A presença de oxigénio leva à formação, por quimisorção, de uma camada que contém átomos de metal e oxigénio, cuja natureza e espessura variam de um metal para outro. A ligação metal-oxigénio é mais forte do que a ligação entre os átomos de metal e a taxa de crescimento das novas camadas formadas é superior à da remoção dos átomos da superfície, o que conduz a uma redução do rendimento da pulverização catódica.

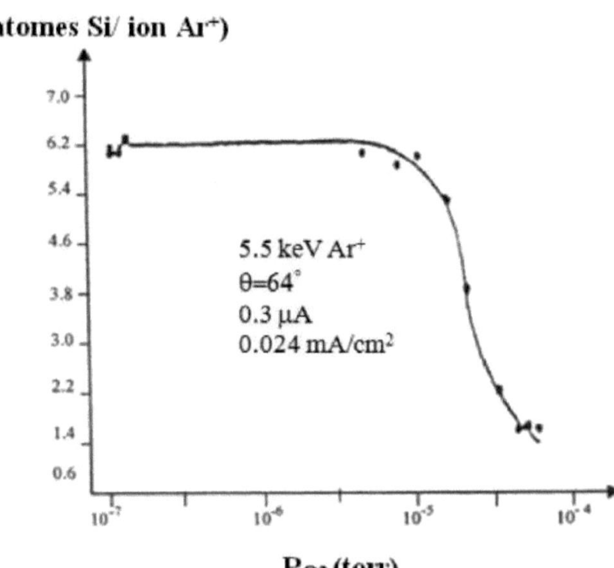

Figura 1-6: Variação do rendimento da pulverização catódica de silício em função da pressão parcial de oxigénio; segundo [27].

+15 keV Ar ligado	*Cr*	*Zr*	*O seu*	*Ti*	*Cu*
Alvo limpo (10"⁷Pa)	4.1	3.1	2.6	2.7	6.6
Poxy= **10 5 Pa**	3.8				
Poxy= **5,10"⁵ Pa**	1.8				
Poxy= **10-4 Pa**	0.9	1.2	2.0		
Poxy= **10-3 Pa**	0.8		1.4	1.0	4.0

Quadro 1-1: Variação da eficiência da pulverização de certos metais em função da pressão do gás residual (oxigénio); segundo [28].

III. Produtos em spray

III.1. 1. Composição da corrente total de pulverização

A pulverização catódica de um sólido é acompanhada pela ejeção de partículas de vários tipos: electrões, átomos, iões, moléculas, associações atómicas ou moleculares. Está bem estabelecido que algumas destas partículas são ejectadas em estados electrónicos excitados [29]. Podem depois desexcitar-se, fora do alvo, através de transições radiativas ou não radiativas. Além disso, sabe-se que a presença de oxigénio reduz o rendimento total da pulverização catódica (Tab. 1-1), mas esta redução não significa que todas as espécies pulverizadas sejam afectadas da mesma forma. Betz e Husinnky [28] demonstraram que a pressão parcial de oxigénio na vizinhança da amostra actua de forma diferente consoante a partícula pulverizada seja um ião, um átomo excitado, um átomo neutro ou uma molécula.

+A Figura 1-7 ilustra a influência da pressão parcial oxigénio em vários produtos de pulverização catódica um alvo de crómio bombardeado com iões Ar de 15 keV [28]. Para uma pressão inferior a 10 7 torr, a maioria das partículas ejectadas são neutras emitidas no seu estado fundamental (curva A). As proporções relativas das partículas emitidas em diferentes estados de carga ou de excitação atómica ou molecular não excedem algumas partes por cem; a contribuição das espécies moleculares neutras permanece negligenciável e diminui à medida que o seu tamanho aumenta. A pressões parciais de oxigénio superiores a 10 6 torr, a composição da corrente de pulverização muda consideravelmente. O rendimento das espécies atómicas neutras torna-se negligenciável e a maioria das partículas secundárias deixa a superfície sob a forma de moléculas (curva AM). +Ao mesmo tempo, a proporção de partículas carregadas (iões atómicos e moleculares) aumenta e pode atingir 25% do fluxo total (curva A) quando a superfície está saturada de oxigénio. O rendimento das partículas excitadas aumenta, mas a sua contribuição, segundo os autores, não ultrapassa 2% do fluxo total (curva A*).

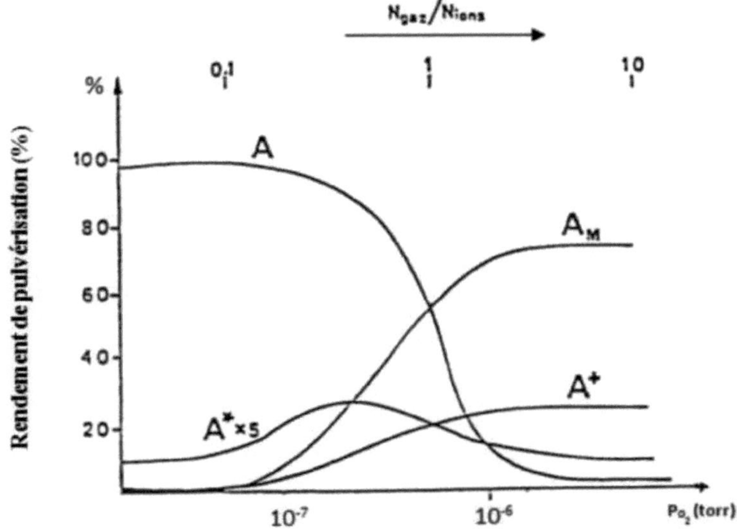

Pressão parcial de oxigénio

Figura 1-7: Abundância relativa das espécies ejectadas durante o bombardeamento de crómio por iões

+ iões Ar de 15 keV, em função da pressão parcial de oxigénio (A: espécies atómicas neutras espécies atómicas neutras,

+ AM: espécies moleculares, A*: partículas excitadas e A : partículas ionizadas) [28]

III.2. 2. Distribuição de energia

O estudo da distribuição de energia das partículas pulverizadas fornece informações sobre os processos responsáveis pela emissão de partículas. +A Figura 1-8 mostra o espetro de energia das partículas neutras emitidas quando os policristais de Cu e Pt são bombardeados por iões Ar a 3 keV [30]. A curva mostra um máximo entre 1 e 5 eV, cuja posição depende da natureza do alvo. A maior parte das partículas são emitidas com uma energia cinética inferior a 10 eV.

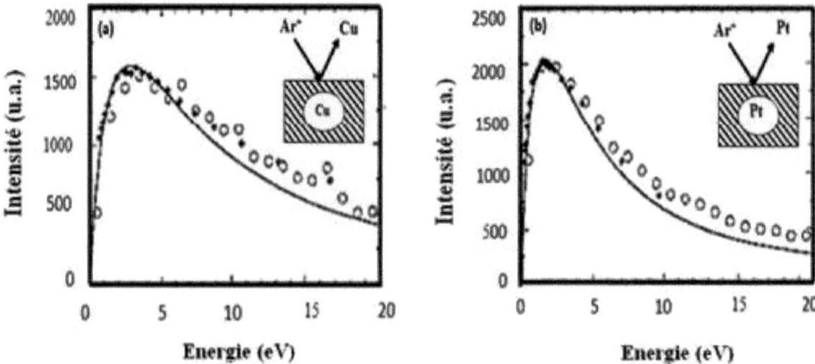

+ **Figura 1-8:** Distribuição de energia do cobre e da platina pulverizados sob bombardeamento de Ar 3 keV a 45 de incidência [30].

Assumindo uma cascata isotópica e uma barreira plana de altura U0 para o potencial de superfície, o espetro de energia dos átomos pulverizados é regido pela lei: os cálculos conduzem à seguinte expressão [31] :

$$N(E) \propto \frac{E}{(E+U_0)^3}$$

U0 é a energia dos átomos à superfície e o seu valor é geralmente considerado, para alvos policristalinos, como sendo igual ao do calor de sublimação. Esta fórmula tem um máximo em $U_0/2$ e explica o comportamento assintótico em $1/E^2$.

No entanto, esta distribuição deixa de ser válida nos seguintes casos:

> $^+$Para projécteis de massa média com energias superiores a 100 keV ou alvos pesados (Ag, Au) bombardeados por iões pesados (Xe) de alguns keV.

> $^{++}$A baixas energias de bombardeamento e/ou no caso de bombardeamento por iões leves (H , D) para os quais se observa uma deslocação do máximo da distribuição e uma contribuição significativa de partículas emitidas com uma energia cinética superior a 10 eV [32].

Estas observações mostram que a distribuição de energia depende da massa e da energia dos iões incidentes.

III.3. Distribuição angular

O estudo da distribuição angular das espécies emitidas por um composto fornece uma análise detalhada da pulverização preferencial, especificando, de acordo com as condições experimentais de bombardeamento, as direcções preferenciais de ejeção dos constituintes. As distribuições angulares medidas são, na sua maior parte, descritas por uma função do tipo $\cos^n\theta$, com n entre 1 e 2, sendo θ o ângulo formado pela normal à superfície com a direção da partícula ejectada. Existem três leis de distribuição angular: distribuição cossenoidal, distribuição sub-cossenoidal e distribuição super-cossenoidal. A trajetória dos átomos pulverizados também depende da energia de ejeção e foi estabelecido que os átomos pulverizados de baixa energia têm uma distribuição sub-cosina, enquanto os átomos de alta energia têm uma distribuição super-cosina [33 ,34].

$^+$ Recentemente, desenvolvemos este estudo em laboratório para produtos pulverizados a partir de uma amostra de cobre sujeita a bombardeamento por iões Kr com uma energia de 5 keV. As partículas ejectadas foram recolhidas numa folha de Mylar e mostraram claramente um lóbulo sobre-coseno. São necessárias mais experiências. Esta parte será apresentada em anexo.

Parte B

Origem da luz emitida quando se pulveriza um sólido

I. Emissão de fotões por partículas-alvo

Quando feixe de iões interage com átomos da superfície, uma proporção significativa de partículas do fluxo pulverizado deixa a superfície do alvo com uma certa velocidade em estados electrónicos excitados. Estas partículas podem desexcitar-se a uma distância D_{dex} tal que D_{dex} = V_. τ ou V é a velocidade média de movimento da partícula excitada na direção perpendicular à superfície e τ o tempo de vida do seu estado excitado. Estas partículas, conhecidas como partículas rápidas, formam-se durante violentas colisões binárias inelásticas entre os iões do feixe incidente e as partículas das primeiras camadas atómicas do sólido. São, portanto, ejectadas a alta velocidade na sequência de violentas colisões inelásticas com o ião primário bombardeado. A figura 1-9 ilustra a ejeção e a desexcitação deste tipo de partículas.

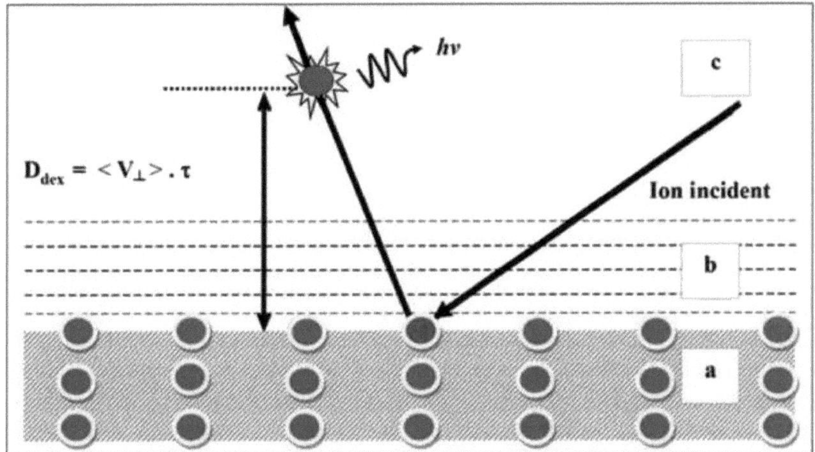

Figura 1-9: Representação esquemática processo de emissão de fotões por um átomo de superfície atingido por um ião rápido.
a: metal, b: campo de forças de superfície, c: espaço livre

A velocidade média dos átomos emissores foi avaliada por Snoek et al [35] medindo a extensão da região luminescente em frente do alvo através de um estudo da distribuição angular da luz emitida. + No caso do bombardeamento de uma amostra de cobre por iões Ar de 60 keV, os autores obtiveram para a linha de ressonância Cu I (λ= 324,75 nm) uma distância entre 0,25 e 0,35 mm que, dado o tempo de vida do estado radiativo (= 5ns), corresponde a uma velocidade da ordem de 6,106 cm/s ou a uma energia cinética de 1 keV. Este resultado foi confirmado pelo trabalho de van der Weg e Bierma [36] que observaram uma deslocação de 0,6 Â do topo da mesma linha. Este deslocamento, atribuído ao efeito Doppler, mostra que as partículas radiantes são ejectadas com uma energia da ordem de keV. Estas observações levaram os autores a desenvolver um modelo segundo o qual as linhas espectrais se devem a emissões provenientes desexcitação de partículas rápidas. Estas , ditas "dispersas", deixam a superfície em estados excitados e emitem fotões a uma distância macroscópica, s, (da ordem de um mm) para a qual podem ser consideradas isoladas; os seus estados electrónicos já não são perturbados pela presença do sólido. De facto, está bem estabelecido que uma partícula excitada ou ionizada situada a uma distância s muito próxima da superfície é um sistema instável que se desactiva rapidamente por processos não radiativos de tipo Auger (desexcitação ou neutralização) ou por ressonância (neutralização ou ionização). A figura 1-10 ilustra a configuração das curvas de potencial de um sistema composto um metal e um átomo excitado situado a uma distância s da superfície. O metal é representado por uma calha potencial de profundidade εo preenchida por electrões até ao nível de Fermi de energia 8F e que se situa a uma distância igual à função trabalho do metal φ abaixo da energia de vácuo (energia necessária para afastar um eletrão até ao infinito); os níveis do átomo estão também assinalados em relação a esta energia. Sendo Ei a energia de ionização do átomo livre e E_x a energia do eletrão excitado. Quatro processos podem ocorrer perto da superfície:

> + **Ionização por ressonância:** o eletrão excitado encontra-se num estado de energia (Ei-EA) inferior ao nível de Fermi do metal (Fig. 1-10a). Este eletrão pode tunelar para um dos estados desocupados da banda de condução do metal, dando origem a um ião que pode eventualmente ser neutralizado por ressonância (A*^ A + e "A).

> **Desexcitação Auger:** a lacuna criada no átomo excitado é preenchida por um eletrão da banda de condução do metal (Fig. 1-10b). A energia adquirida pelo átomo permite que o eletrão excitado seja ejectado para o continuum (A* + e M ^ (A+ e A) ^ A+ e .Auger-). > > Este processo é regido pela condição energética: Ei- ε Ei- EA ou EA ε onde ε é a energia do eletrão e M proveniente do metal.

No caso de a partícula envolvida ser um ião, a transferência de electrões pode ser efectuada por :

> **Neutralização ressonante**: para a qual a condição de energia é escrita φ <E-$E_{(A)}$<8 (Fig. 1-10c). Este processo pode eventualmente levar à emissão de fotões.

> **Neutralização Auger**: que dá lugar à rejeição de um eletrão do metal (Fig. 1-10d). Neste caso, a energia libertada pelo eletrão 1 é uma energia entre Ei-εo e Ei-φ, e tem de ser superior à energia ει do eletrão 2 no metal. *£2* estando entre φ e εo o que leva a que pelo menos a condição Ei>2 φ para que o eletrão 2 seja ejectado do metal.

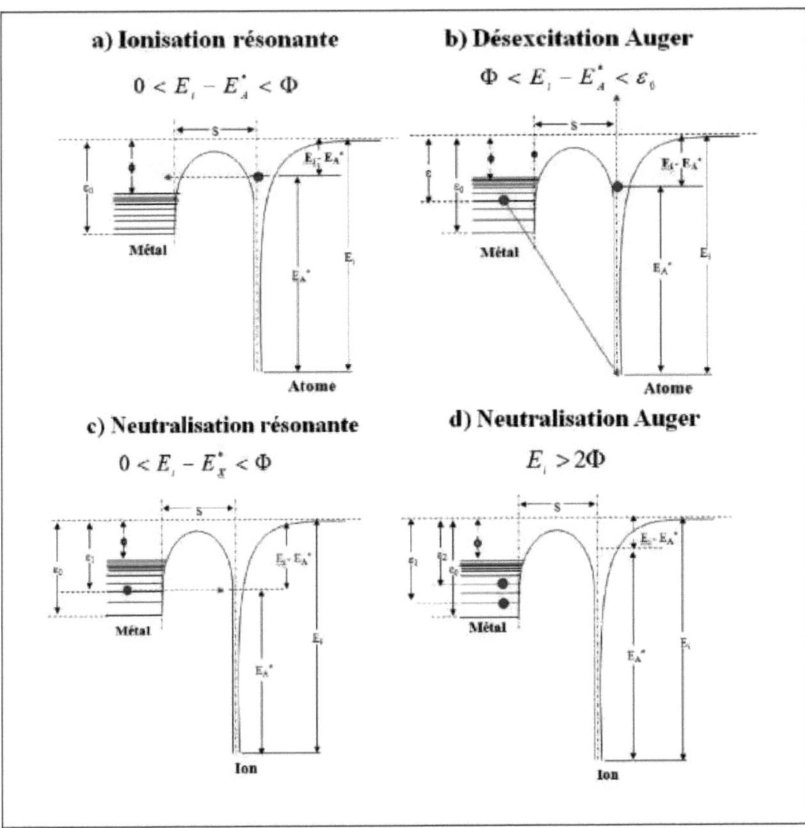

Figura 1-10: Processo de troca de electrões entre um átomo ou ião excitado e um metal [37].

Uma partícula excitada muito próxima da superfície tende a desativar-se muito rapidamente através da troca de electrões com o sólido. Além disso, a probabilidade de uma partícula excitada percorrer uma distância s sem sofrer uma desexcitação não radiativa depende fortemente da componente normal da sua velocidade, de acordo com a relação [38] :

$$P(s,v_\perp) \propto \exp\left[\frac{A}{av_\perp}\left(e^{-as}-1\right)\right]$$

que, para grandes distâncias s, se escreve como :

$$P(\infty,v_\perp) \propto \exp\left[-\frac{A}{av_\perp}\right]$$

Para os processos Auger e ressonante, Terzic e Perovic [39] estimaram que A= IO^{14} -IO^{16} s ı é a= 2 A ı, ou seja, uma razão média $5{,}10^{13}$ Å/s. Adoptando este valor, a Tabela 1-2 dá uma estimativa da velocidade e da probabilidade a duas energias de ejeção de 10 eV e 1 keV para os três metais (Ti, Cr, Ni) que estudámos (Capítulos 3 e 4). Observamos em particular que, em média, a probabilidade é de 0,06 para as partículas lentas (10 eV) e de 0,75 para as partículas rápidas (1 keV). É portanto evidente que as partículas excitadas com uma velocidade elevada têm uma menor probabilidade de sofrer a ação de processos não radiativos e contribuem assim significativamente para a radiação detectada no caso dos alvos limpos estudados.

Energias em eV	Ti		Cr		Ni	
	V (A/s)	P (%)	V (A/s)	P (%)	V (A/s)	P (%)
E= 10	$1,58.10^{13}$	0.042	$1,52.10^{13}$	0.037	$1,42.10^{13}$	0.029
E= 1000	$1,58.10^{14}$	0.728	$1,52.10^{14}$	0.719	$1,42.10^{14}$	0.703

Tabela 1-2: Velocidade e probabilidade ejeção de partículas com energias de 10 eV e 1 keV

II. Emissões ópticas de partículas de feixe incidente

$+ +^{++}$Quando um alvo é bombardeado por iões leves (H ou He), a rejeição de partículas do alvo torna-se menos importante, em comparação com a causada por iões pesados (Ar , Kr), a probabilidade de retroespalhamento de partículas do feixe incidente é apreciável [40].

As medições das emissões ópticas reflectem este fenómeno e os espectros observados são dominados por linhas associadas às emissões radiativas de partículas retrodispersas excitadas (iões ou neutros). A interação das partículas incidentes com os núcleos pode levar a um desvio angular na trajetória do projétil. O projétil, conduzido em direção à superfície, pode sair com uma energia cinética elevada.

No entanto, a interpretação do mecanismo para a formação de estados excitados permanece muito qualitativa e assume-se que as partículas retrodifundidas que são ionizadas ou excitadas dependem principalmente da sua velocidade no momento da rejeição.

III. Influência do oxigénio nas emissões ópticas dos metais

A introdução um gás quimicamente ativo modifica a composição da superfície e provoca a formação uma camada superficial cuja composição e espessura variam de um metal para outro. O oxigénio interage com o metal em três fases:

> Formação de uma camada quimisorvida sem modificar a ordem cristalina do metal adsorvente.

> A penetração do gás nas camadas superficiais e a reconstrução da superfície conduzem à formação de um composto de superfície.

> Difusão do gás no volume do material e formação de um composto volúmico. Como já foi referido, a presença de oxigénio nas proximidades uma superfície metálica durante o bombardeamento iónico provoca uma diminuição do rendimento total da pulverização catódica, mas também modifica consideravelmente as proporções das várias espécies ejectadas desta superfície. Em particular, a presença de oxigénio tende a reduzir o número átomos neutros ejectados no seu estado fundamental.

Quanto ao sinal luminoso proveniente de espécies excitadas, o oxigénio provoca, para a maioria das linhas espectrais, uma exaltação mais ou menos significativa. $^{+}$A figura 1-11 mostra o efeito do oxigénio e de outros gases na linha neutra Al I (396,15 nm) quando o alumínio é bombardeado por iões Kr com uma energia de 5 keV. $^{+}$Hammoum et al [11] mediram um aumento da intensidade das linhas observadas quando o ferro foi bombardeado por iões Kr de 5 keV numa atmosfera de oxigénio, bem como no caso dos óxidos Fe2O3 e Fe3O4. Este efeito foi também observado por vários autores para vários alvos bombardeados numa atmosfera de oxigénio [8,41]. No entanto, a presença de oxigénio não afecta todas as linhas da mesma forma. Ait El Fqih et al [42] mostram que a presença de oxigénio durante o bombardeamento com alumínio provoca um aumento das intensidades das linhas Al I associadas a átomos neutros. No entanto, a intensidade de certas linhas iónicas (Al II e Al III) diminui enquanto outras permanecem insensíveis à presença deste gás. Fournier et al [9] estudaram a influência do oxigénio nas linhas neutras de Mg I e iónicas de Mg II. Observaram um aumento das intensidades das linhas neutras de Mg I mas uma diminuição das intensidades das linhas iónicas de Mg II. A grande maioria destas observações é provavelmente regida por uma forte competição entre as transições radiativas e não radiativas dos átomos excitados e pode ser adequadamente explicada no âmbito de um modelo de troca de electrões entre a partícula ejectada (átomo neutro ou ião) e os níveis de energia superfície. Em particular, este modelo explica a exaltação observada, que parece ser devida a uma grande contribuição das partículas lentas para o sinal luminoso. +Este modelo será examinado em pormenor nos Capítulos 3 e 4 para alvos de níquel, crómio e titânio bombardeados por iões Kr .

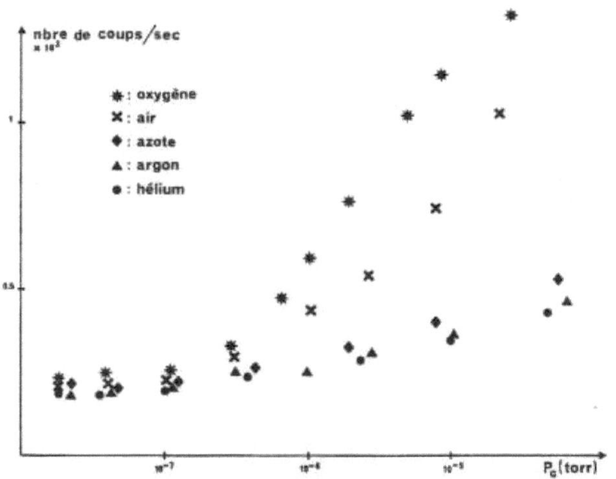

+ **Figura 1-11:** Variação da intensidade da linha Al I (396,15 nm) em função da natureza e pressão PG de diferentes gases durante o bombardeamento de um alvo de alumínio por iões Kr de 5 KeV; segundo [40].

IV. Emissão contínua de radiação

O bombardeamento iónico de certos alvos dá origem a radiação contínua e existem vários tipos origem de emissão contínua. O primeiro tipo é o contínuo emitido pelo próprio sólido (ionoluminescência). Este tipo depende tanto da composição da superfície do alvo bombardeado como da natureza, da energia e do ângulo de incidência do projétil. O segundo tipo é a radiação contínua emitida por partículas exteriores ao alvo. Outro tipo de radiação contínua pode ser previsto quando um alvo sólido é sujeito a bombardeamento iónico e pode ser atribuído à radiação de travagem "Bremsstrahlung" [43]. +Sharodi et al [44] observaram um contínuo durante o bombardeamento de um alvo de berílio por iões He a 15 keV, que interpretaram como resultante da recombinação eletrão-buraco. +El boujlaidi et al [14] estudaram os espectros de luminescência de seis metais de transição (Ti, V, Cr, Fe, Ni e Cu) durante o bombardeamento por iões Kr a 5 keV. Observaram que o contínuo é muito mais pronunciado para o vanádio (3° em 3d) do que para o titânio (2° em 3d) e está totalmente ausente no caso do crómio (5° em 3d), ferro (6° em 3d), níquel (8° em 3d) e cobre (3d está saturado). Consequentemente, sugeriram que o continuum está presente para os elementos cuja subcamada 3d está menos de metade preenchida. A tendência de um alvo metálico para emitir radiação contínua durante o bombardeamento por feixe de iões pode, por conseguinte, estar estreitamente correlacionada com o número de electrões na camada d. A origem do fundo contínuo permanece frequentemente inexplicada. Algumas hipóteses atribuíram estes fundos a emissões moleculares de compostos diatómicos de oxigénio. No entanto, a explicação deste fenómeno não foi bem detalhada, nem pelos experimentalistas nem pelos teóricos. A compreensão da origem desta radiação passa necessariamente por um estudo sistemático de todos os elementos.

Para concluir esta secção, pode afirmar-se que a luz emitida durante a pulverização catódica induzida por feixe de iões pode ter várias origens. A Figura 1-12 ilustra as diferentes origens susceptíveis de serem responsáveis pela emissão de luz. Estas incluem :

> Emissões sob a forma de linhas discretas (hv_1, hv'_1) resultantes desativação de átomos ou iões ejectados em estados electrónicos excitados.

> Emissões ópticas sob a forma de uma banda molecular de moléculas excitadas (hv_2).

> Radiação emitida por iões primários retrodifundidos (hvs).

> Radiação contínua emitida por partículas pulverizadas (hv_4) ou pelo próprio sólido (hv_5).

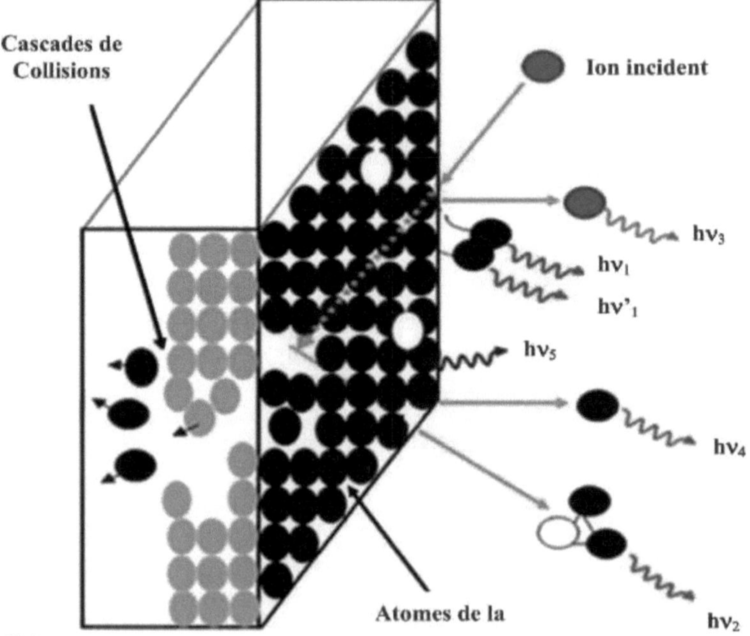

superfície

Figura 1-12: Origem da luz emitida durante a pulverização

Capítulo 2

Instalação experimental

Introdução

O método de caraterização de superfícies e sólidos que utilizamos é conhecido pelo acrónimo SIPS (Sputter Induced Photon Spectroscopy). É também conhecido por outros acrónimos [7]: SCANIIR (Surface Composition by Analysis of Neutral and Ion Impact Rdiation), BLE (Bombardment Light Emission), IBSCA (Ion Beam Spectro Chemical Analysis) foi desenvolvido por investigadores de diferentes disciplinas. No nosso laboratório SIAM "Spectroscopie & Imagerie Atomique des Matériaux", estamos a desenvolvê-la sob a sigla francesa ASSO "Analyse de Surface par Spectroscopie Optique". Esta técnica consiste em medir os comprimentos de onda e as intensidades das radiações ópticas emitidas por átomos e/ou moléculas ejectadas em estados electrónicos excitados quando iões energéticos bombardeiam um alvo sólido. Permite determinar qualitativa e quantitativamente a superfície e a composição em profundidade de um sólido. A ação erosiva do feixe incidente permite seguir o perfil de inserção dos diferentes elementos numa dada matriz. O aparelho ASSO é também um instrumento para estudar a interação ião-superfície e compreender o comportamento de um átomo excitado ou ionizado na proximidade uma superfície.

Esta técnica é considerada complementar da técnica SIMS (Espectrometria de Massa de Iões Secundários) [45], uma vez que ambas utilizam o mesmo processo de excitação, nomeadamente uma pistola de iões.

I. Princípio do método SIPS

O princípio do método SIPS é relativamente simples. Um feixe iões com uma energia cinética de alguns keV atinge um alvo sólido num ângulo variável com uma abertura angular conhecida. Como resultado desta interação, ocorre a pulverização catódica e os átomos ou moléculas do alvo são ejectados em estados electrónicos excitados. A radiação luminosa emitida é analisada por um monocromador, que transmite o sinal a um fotomultiplicador e depois a uma cadeia de contagem eletrónica. Observamos fotões desde o ultravioleta distante até ao infravermelho próximo.

A análise de superfícies pelo método SIPS, também conhecido por ASSO, é assim efectuada através da medição das linhas espectrais emitidas pelos átomos da superfície. As vantagens deste método incluem :

> A capacidade de identificar os elementos que compõem uma amostra sólida.

> Determinar a energia interna da espécie pulverizada.

> Elucidar o comportamento de um átomo excitado ou ionizado na vizinhança de uma superfície.

> A resolução correta, uma vez que o poder de resolução espetral é superior a 300 000, o que é melhor do que 0,015 a um comprimento de onda de 5000.

> O ângulo sólido de recolha dos fotões é cerca de 10 vezes superior ao de recolha das partículas materiais (iões secundários, por exemplo).

A Figura 2.1 ilustra diferentes processos de emissão atómica quando um feixe de iões incide sobre um sólido.

Se processos de interação são numerosos, as partículas ejectadas da superfície são também muito diversas: iões, átomos neutros, átomos excitados, moléculas e agregados. Os electrões também podem ser emitidos a partir da superfície ou de partículas ejectadas em estados excitados. As partículas incidentes são parcialmente retrodifundidas. A gama espetral utilizada neste estudo estende-se de 190 a 650 nm e é facilmente acessível de um ponto de vista experimental.

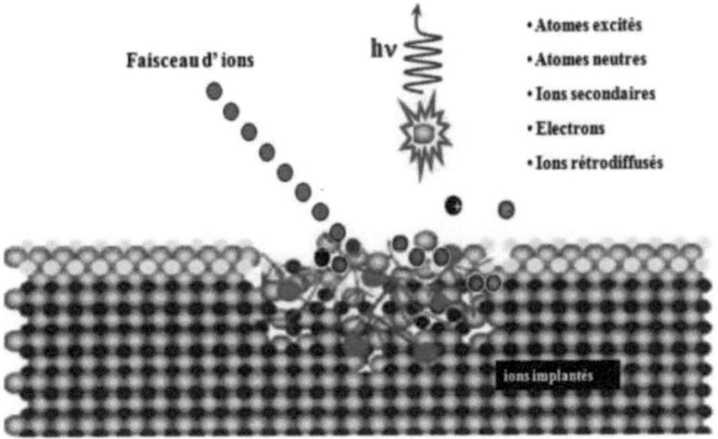

Figura 2-1: Princípio do método SIPS

II. Equipamento SIPS

O aparelho SIPS, tal como o desenvolvemos no nosso laboratório sob a sigla ASSO, é um espetrómetro modular que permite o estudo da radiação ótica emitida durante a pulverização catódica induzida um feixe de iões. Este equipamento é essencialmente constituído por três partes amovíveis que podem ser modificadas em função das necessidades experimentais:

> Um canhão de iões.

> Um compartimento equipado um suporte de amostras.

> Um sistema de deteção e análise de emissões luminosas.

As duas primeiras partes são apresentadas Figura 2-2 e o sistema completo descrito em pormenor mais adiante. Este espetrómetro tem sido amplamente utilizado para revelar os espectros de luminescência de vários metais leves e pesados [17,42]. Foi também utilizado para estudar a interdifusão elementos através das interfaces de camadas de espessura nanométrica (Co/AlO/Si) [13] e de camadas finas (C/W/Si) [46].

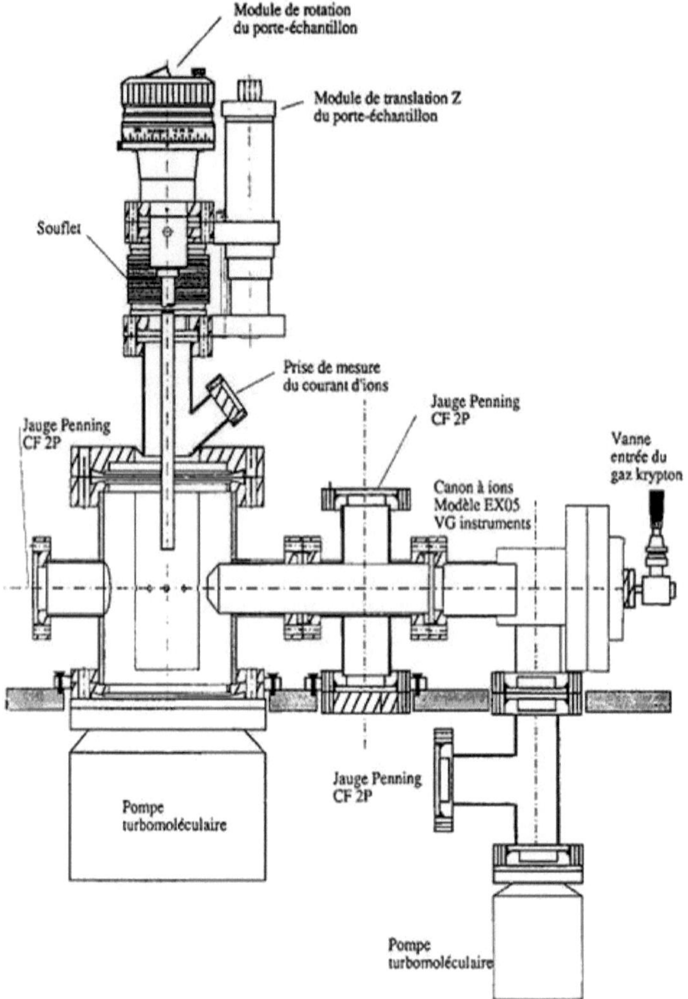

Figura 2-2: Diagrama geral do canhão de iões e da câmara de amostras com sistema de bombagem

11.1. O canhão de iões

11.1.1. Descrição

O canhão de iões, modelo EX05, é constituído por uma fonte de produção de iões por impacto eletrónico e por um sistema de extração e focalização desses iões. Este canhão pode produzir um feixe com uma energia cinética compreendida entre 0,1 e 5 keV e uma corrente de alguns microamperes.

A fonte de iões (Fig. 2-3), do tipo monoplasmatrão, é constituída por um cilindro de aço inoxidável com 127 mm de comprimento e um diâmetro interno de 35 mm. O ânodo está situado a 7 mm do cátodo e é constituído por um filamento de tântalo de 0,5 mm de diâmetro enrolado numa espiral dupla. Todo o corpo da fonte está ligado à alta tensão e está isolado eletricamente do resto do dispositivo por uma flange de Teflon. O canhão é bombeado por duas bombas ligadas em série, uma bomba molecular Leybold Turbo de 50 l/s ligada a uma bomba primária (Alcatel). O vácuo na fonte atinge 10 7 torr sem a introdução do gás a ionizar. A ótica iónica que controla a focalização é constituída por duas lentes electrostáticas, cada uma com três eléctrodos: a que se encontra mais próxima da fonte é utilizada para condensar e ajustar a secção transversal do feixe iónico, enquanto a outra o focaliza no alvo a bombardear. O diafragma entre estas duas lentes reduz o tamanho do feixe para um diâmetro inferior a 1 mm. O sistema de deflexão é constituído quatro placas que formam dois condensadores planos e permite ajustar o feixe em duas direcções perpendiculares à do feixe.

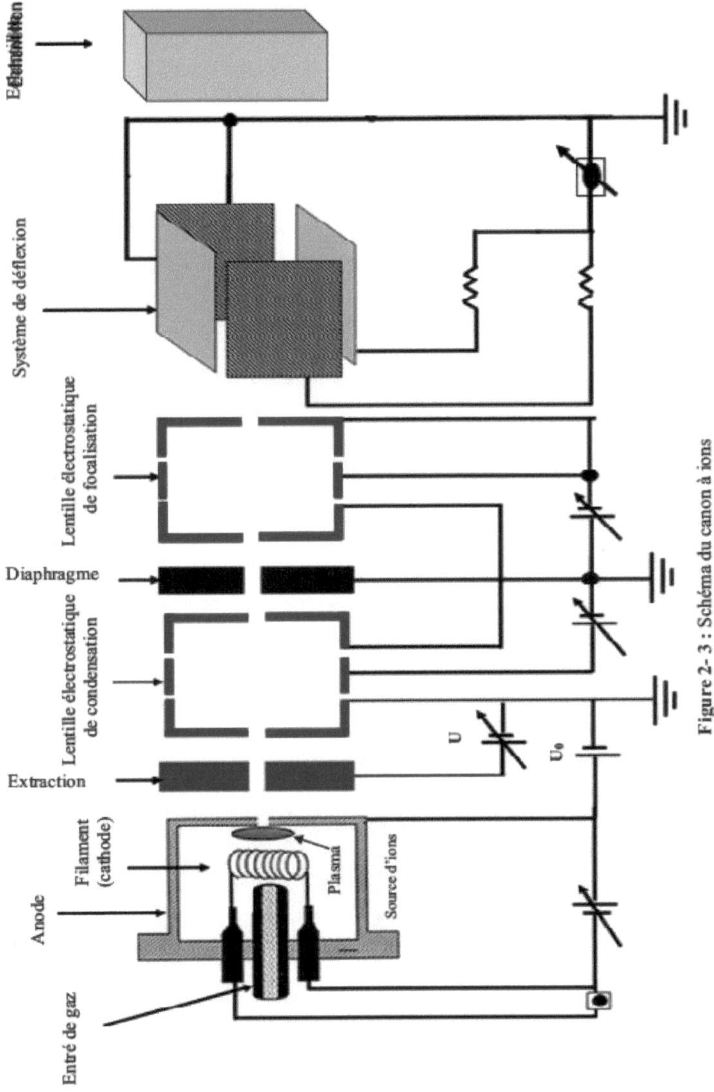

Figure 2- 3 : Schéma du canon à ions

Figura 2- 3: Esquema do canhão de iões

11.1.2. Protocolo de funcionamento

+O processo de produção de iões Kr na fonte de impacto de electrões consiste em :

> Introduzir o gás a ionizar (crípton) na câmara de colisão da fonte através de uma válvula (Varian variable Leak Valve) a uma pressão entre 10 6 e 10 5 torr. Nas nossas experiências, utilizamos frequentemente uma pressão de 5.10 6 torr para prolongar o tempo de vida do filamento da fonte.

> Ligar a fonte (fonte de alimentação 400X) e esperar que a corrente do filamento estabilize em 2,5 A.

> Aumentar gradualmente a corrente de emissão de electrões do filamento até que a sua intensidade atinja o valor de 2,5 mA. Os electrões emitidos pelo filamento incandescente colidem com os átomos de Kr do gás, ionizando-o da seguinte forma

$$Kr + e^-_{filament}(E_c) \rightarrow Kr^+ + e^-_G + e^-_{filament}(E_c - I)$$

Ec é a energia cinética dos electrões incidentes no momento do impacto, I é o potencial de ionização do gás Kr, que é de 13,99 eV. Os electrões eG acelerados pelo gradiente de potencial são, por sua vez, susceptíveis de ionizar outros átomos de Kr.

> Aplicar a tensão de aceleração aos iões formados na fonte. Esta tensão pode ser variada de 0 a 1 kV através de um potenciómetro contínuo e de 1 a 5 kV através de outro potenciómetro em passos de 0,5 kV. +Trabalhámos com iões Kr que acelerámos a uma tensão de 5 kV. O gás crípton (N48) a ionizar é 99,998% puro.

> Ajustar o diâmetro, o ponto focal e a direção do feixe. As três regulações são efectuadas independentemente uma da outra e destinam-se a otimizar o feixe para obter um diâmetro inferior a 1 mm e uma intensidade da ordem de pA.

11.2. O invólucro e o suporte de amostras

11.2.1. O recinto

A câmara de recolha (Fig. 2-4) é um cilindro de aço com 125 mm de diâmetro e 143 mm de comprimento. Tem oito aberturas laterais circulares, quatro das quais com 26 mm de diâmetro, duas com 35 mm de diâmetro, uma com 39,5 mm de diâmetro e a última com 41,5 mm de diâmetro, que estão diretamente ligadas a uma bomba turbomolecular de 200 l/s (ALCATEL, modelo Turbo V200A). Esta câmara está equipada com uma válvula (micro Hoke mite) ligada a um capilar de 2 mm de diâmetro, cuja extremidade se encontra a 2 cm da amostra a bombardear. Esta válvula permite a introdução de gases reactivos na câmara. Nas nossas experiências, utilizámos oxigénio (N48) com um grau de pureza de 99,998%.

11.2.2. O suporte de amostras

O suporte da amostra é feito de alumínio e maquinado para minimizar os efeitos secundários da pulverização catódica, ou seja, o bombardeamento da amostra pelas partículas pulverizadas e os efeitos secundários do ricochete do feixe de iões.

Este porta-amostras (Fig. 2-5) contém quatro compartimentos para conter quatro amostras, cada uma com 10 mm x 10 mm, o que permite, por exemplo, analisar ligas e os metais que as constituem. As amostras são fixadas na parte de trás do porta-amostras por meio de uma contraplaca. Este último é isolado da haste ligada ao módulo de rotação por um anel de fixação em Teflon e o volume retido entre a haste e o anel é bombeado através de um orifício efectuado no porta-amostras. O suporte da amostra está ligado eletricamente a um picoamperímetro, que mede a corrente iónica sobre si próprio. Para suportar o porta-amostras, é utilizada uma plataforma micrométrica associada a um sistema de rotação. Para estudar a dependência do sinal em relação ao ângulo de ataque, o suporte da amostra é rodado em torno do eixo vertical. A translação ao longo deste eixo permite deslocar a haste do porta-amostra e selecionar a amostra a analisar.

O espetrómetro SIPS também pode ser utilizado para analisar pós utilizando suportes de amostras que concebemos e construímos em aço inoxidável. Estes suportes de amostras podem ser montados diretamente no suporte do suporte de amostras principal (Fig. 2-6). Uma quantidade suficiente de pó pode ser colocada e compactada à mão com uma vareta também em aço inoxidável, ou compactada com uma prensa mecânica.

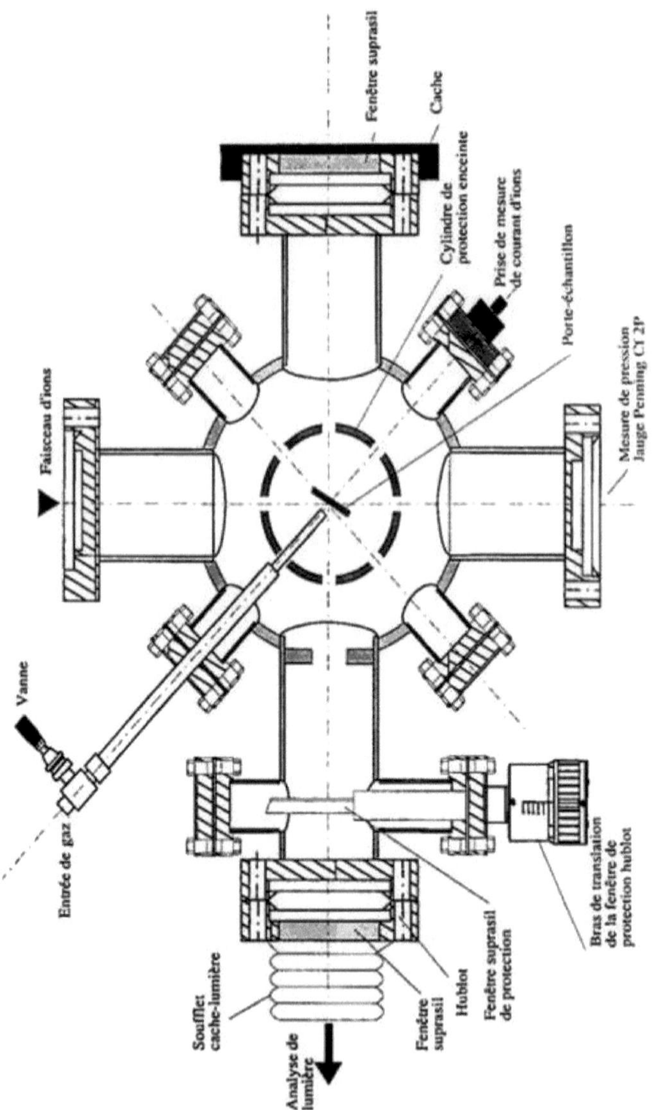

Figura 2-4: Esquema do compartimento de amostras (vista lateral)

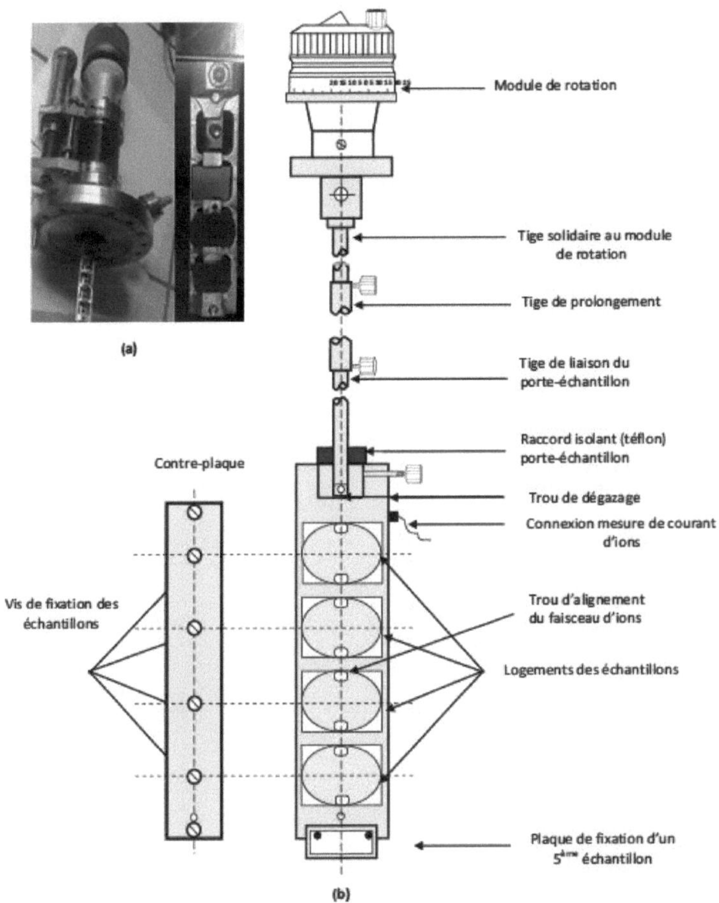

Figura 2-5: (a) Fotografia do suporte de amostras com as amostras no sítio + (b) Esquema da placa de montagem do suporte de amostras

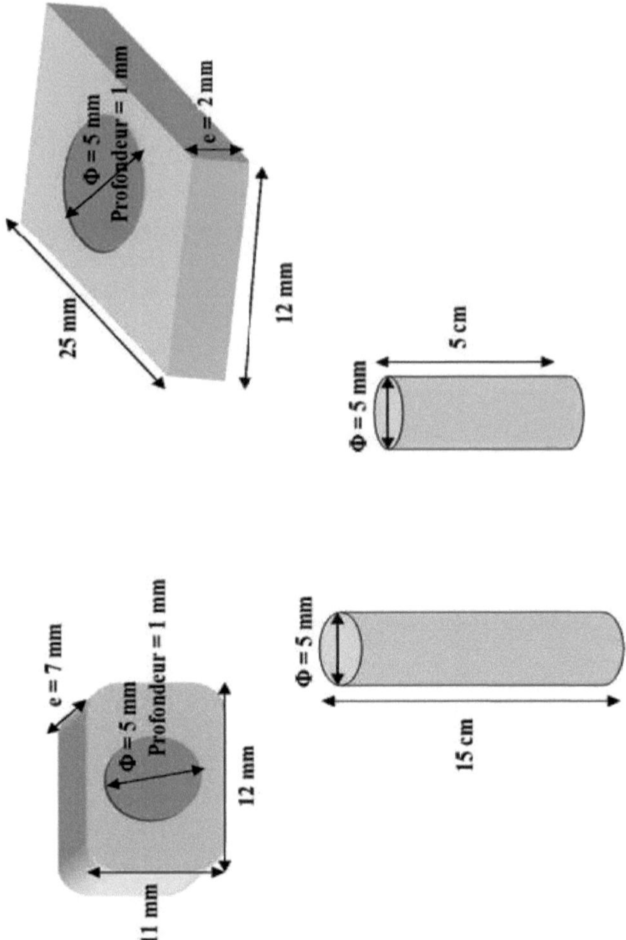

Figura 2-6: Esquema dos dois suportes de amostras com as suas hastes para compactar os pós

11.2.3. Preparação das amostras

Nas nossas experiências, limpámos a superfície das nossas amostras utilizando os seguintes procedimentos:

a- Polimento

O polimento é uma etapa importante, cujo objetivo é obter uma superfície lisa e praticamente plana. Existem vários tipos de polimento: o polimento mecânico, o polimento eletroquímico e o polimento iónico. Nas nossas experiências, utilizámos o polimento mecânico (manual) com discos de diferentes materiais que rodam a alta velocidade, com ou sem pasta de polimento. As etapas envolvidas no polimento da superfície da amostra são :

> **Etapa 1**: utilizar grãos abrasivos de carboneto de silício SiC de tamanho, forma e orientação variáveis; isto permite a remoção de material numa escala microscópica por abrasão.

> **Fase 2**: consiste no polimento da superfície com pastas de diamante de granulometria decrescente (6 µm, 3µm e hum) em cintas de feltro rotativas, utilizando um lubrificante que dilui a pasta de diamante do tipo PS4/HV.

> **Etapa 3**: utilizar o micro-polimento mecânico com grãos de alumina de 5 a 0,5 µm diluídos em água destilada e utilizando um disco de referência SAT D1.

Existe toda uma gama de grãos abrasivos de carboneto de silício em diferentes tamanhos, todos funcionando segundo o mesmo princípio. Os diferentes tamanhos de grãos para produtos abrasivos revestidos baseiam-se na norma ISO:

> **Grosso :**

P 80 - 60 - 50 - 40 - 36 - 24 - 20 - 16 - 12

> **Média :**

P 280 -240 - 220 - 180 - 150 - 120 - 100

> **Fino :**

P 600 - 500 - 400 - 360 - 320

> **Muito bom :**

P 1500 - 1200 - 1000 - 800

b- Banho de ultra-sons

Neste tipo de processo, o material é imerso num líquido no qual se propagam ondas ultra-sónicas. A água é geralmente utilizada como meio de propagação, mas também pode ser utilizado um solvente orgânico ou uma solução aquosa, dependendo da aplicação pretendida. A onda ultra-sónica cria zonas de compressão e depressão no meio de propagação, levando à formação de micro-bolhas, conhecidas como bolhas de cavitação, que contêm vapor de água e gases dissolvidos. A implosão destas bolhas produz um jato de velocidade muito elevada que limpa fisicamente a superfície do material. Para as nossas amostras, a limpeza foi efectuada banho de acetona pura durante 30 minutos. A amostra é então seca com um secador de cabelo, o cuidado de remover todos os vestígios de solvente. A amostra está então pronta para ser introduzida no aparelho e evacuada.

11.3. Sistema de análise e deteção de luz

A luz emitida pelas partículas ejectadas quando a amostra é bombardeada é observada através de uma janela de supra-arco de 10 mm de espessura montada num braço de translação que também protege a vigia de projecções. O tamanho desta janela, com o dobro do diâmetro da abertura do cilindro de proteção, permite expor uma nova zona transparente sem ter de quebrar o vácuo.

A figura 2-7 mostra a curva de transmissão da janela de 10 mm de espessura de suprasil comparada com a do quartzo de mesma espessura. Esta janela assegura uma transmissão muito apreciável, sem deformação, numa gama de comprimentos de onda que vai de 1700 a 10000. Ao sair da câmara, uma lente biconvexa da mesma espessura, com um diâmetro de 40 mm e uma distância focal f= 140 mm, é colocada a uma distância 2f da amostra e da fenda de entrada do monocromador. O monocromador é composto por uma grelha holográfica, dois espelhos esféricos côncavos e duas fendas controladas. As fendas de entrada e de saída são ajustáveis em altura num passo de 2, 5, 10 e 20 mm e em largura de 0 a 2 mm por um parafuso micrométrico que permite um passo de 10 µm. O feixe de luz é protegido da radiação dispersa por dois foles pretos de cada lado da lente. Um fotomultiplicador (PM) ligado a uma cadeia de contagem e ao Spectralink, que controla a alimentação do PM e aquisição de dados. Um microcomputador equipado com uma placa de aquisição para controlar o motor de passo que acciona a matriz. Processa os dados recebidos utilizando o programa PRISM desenvolvido por Jobin-Yvon. Os dados são depois armazenados em ficheiros de tipo ISA que podem ser convertidos em formato ASCII pelo mesmo programa. Os vários dispositivos da cadeia de deteção e aquisição de dados são apresentados na figura 2-8.

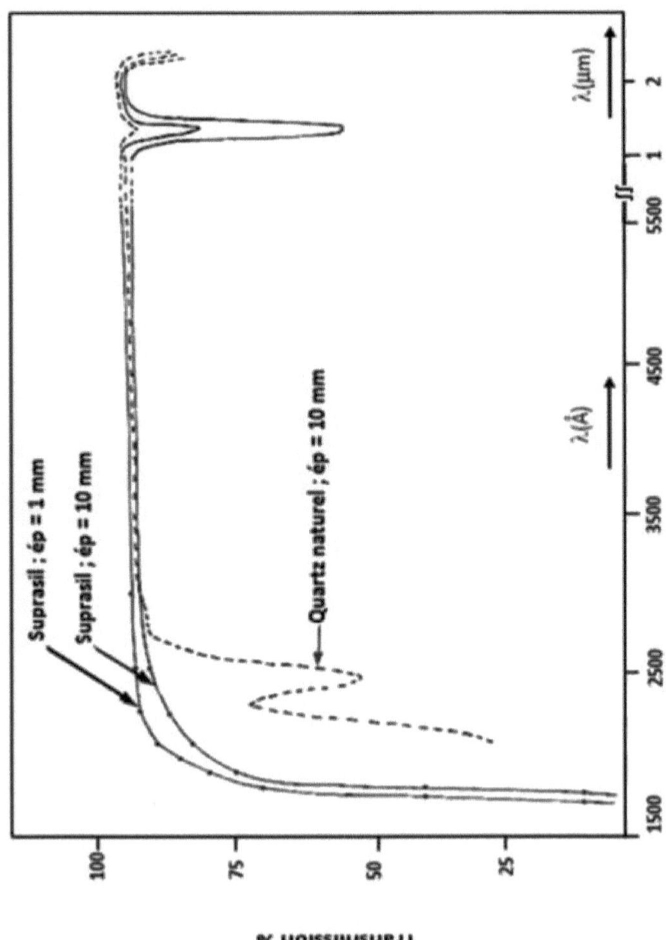

Figura 2-7: Transmissão de janelas de supra-vermelho e quartzo [40].

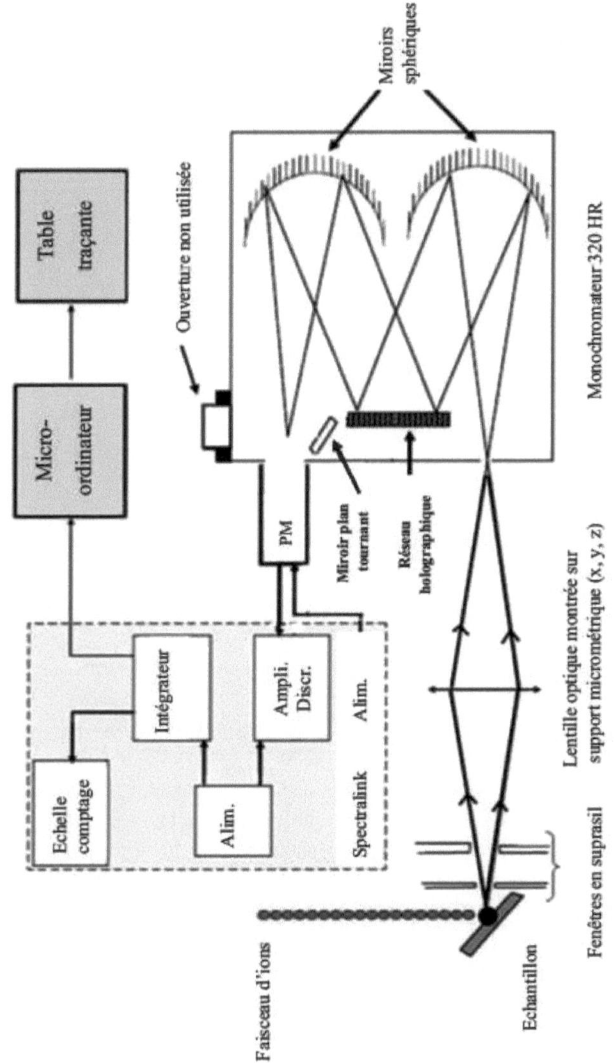

Figura 2-8: Trajeto do feixe de luz e cadeia de deteção e aquisição

11.3.1. O monocromador

O espetrógrafo/monocromador utilizado é um Jobin-Yvon HR-320 do tipo Czerny-Turner, com uma distância focal de 320 mm e equipado com uma grelha holográfica e dois espelhos esféricos côncavos (Fig. 2-9). A dispersão ou a difração do feixe luminoso só podem ser utilizadas se a luz for colimada, ou seja, se todos os raios luminosos forem paralelos (ou praticamente paralelos). Na prática, os feixes de luz são quase sempre divergentes e é necessário utilizar um colimador para tornar os raios paralelos. De um modo geral, os monocromadores utilizam colimadores que funcionam por reflexão (e não por transmissão), de modo a não introduzir qualquer dispersão parasita da luz.

O feixe de luz que passa pela fenda de entrada E é refletido pelo espelho colimador M1, que o torna paralelo e o dirige para a grelha R. A grelha difracta a luz e envia um espetro para M2, que foca uma imagem da fenda de entrada na fenda de saída S. O comprimento de onda é digitalizado no plano da fenda de saída através da rotação da grelha. A grelha é rodada por um motor passo-a-passo controlado por um microprocessador, de modo a que o comprimento de onda possa ser lido linearmente. Os comprimentos de onda são indicados diretamente em angstroms num contador digital.

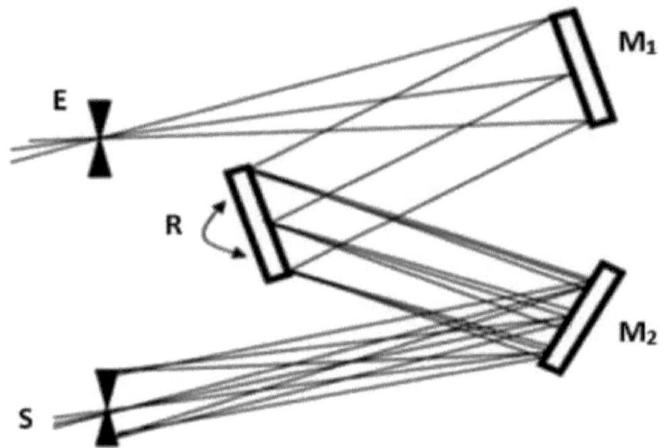

Figura 2-9: Diagrama ótico do monocromador

*E: Fenda de entrada; **R:** Rede; **M1** e M2: Espelhos; **S:** Fenda de saída*

11.3.2. O fotomultiplicador

O fotomultiplicador (PM) é um dispositivo que converte a luz num sinal elétrico que pode depois ser processado eletronicamente. É constituído por um fotocátodo, vários dínodos e uma placa anódica.

Quando a luz entra no tubo e atinge o fotocátodo, os electrões são puxados pelo efeito fotoelétrico e emitidos para o espaço de vácuo do tubo. Estes electrões são atraídos para eléctrodos secundários (dínodos) elevados a um potencial mais alto. Os electrões acumulam-se na saída do ânodo, amplificando o sinal de entrada (Fig. 2-10).

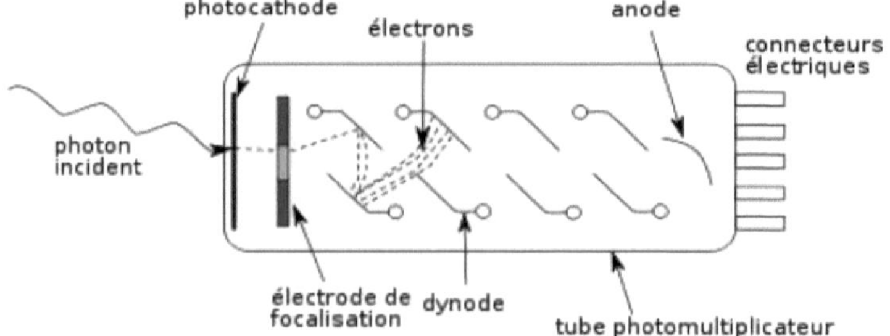

Figura 2-10: Princípio de funcionamento do fotomultiplicador

O fotomultiplicador Hamamatsu 4220 P que utilizámos é um PM de contagem de fotões com uma janela de sílica fundida e um fotocátodo transparente. A sua gama espetral estende-se de 185 a 710 nm, com uma resposta máxima a 420,0 nm (Fig. 2-11a). O PM tem 10 dínodos (estágios) com elevados coeficientes de captação e de emissão secundária, dispostos de modo a gerar um processo de emissão eletrónico de avalanche. A figura 2-11b mostra a variação da corrente parasita - a corrente escura - com o comprimento de onda. Esta variação é devida à emissão termoelectrónica e esta corrente é muito pequena para a gama de comprimentos de onda que . O ganho do PM é da ordem de 10^7 quando a tensão aplicada entre o ânodo e o cátodo é de 900 V (Fig. 2-11c), a tensão para a qual a relação sinal/ruído é óptima.

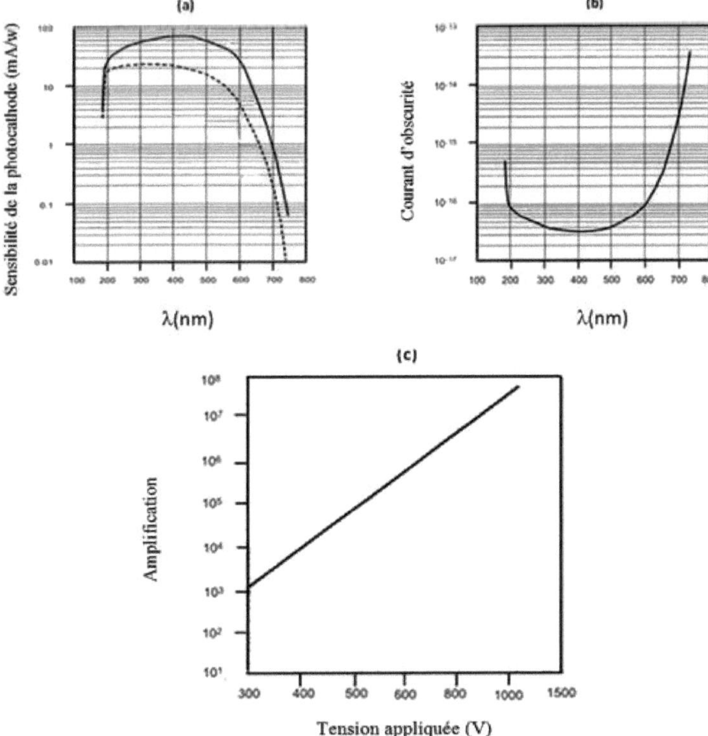

Figura 2-11: Caraterísticas da PM utilizada

(a) Sensibilidade do fotocátodo em função do comprimento de onda

(b) Variação da corrente de escuro em função do comprimento de onda

(c) Variação do ganho em função da tensão aplicada

11.3.3. Espectralink

O spectralink é composto por um conjunto de módulos: alimentação do motor de passo, alta tensão para o PM, aquisição e registo de dados, entrada/saída, controlo multicanal, memória multicanal, analógico multicanal e módulo de interface/computador. Cada módulo spectralink está equipado com o seu próprio microprocessador e menu de instruções. Cada módulo tem também o seu próprio número de endereço (4 bits) selecionado de acordo com a configuração. As trocas de dados internas com todos os módulos são efectuadas através de um bus de 8 bits.

Os computadores externos podem aceder a este barramento utilizando o módulo de interface (INT). Isto permite uma comunicação bidirecional completa, quer em modo paralelo quer em modo série.

a- Modo paralelo

Este modo gere :

> Transmissão e receção de dados de 8 bits ;

> transmissão e receção de sinais de controlo ;

> endereços de receção ;

> reformatação dos sinais enviados e recebidos ;

> gestão de todos os sinais por um microprocessador.

b- Modo série

Este modo permite :

> isolamento dos sinais transmitidos e recebidos através de acopladores ópticos;

> reformulação dos sinais transmitidos e recebidos ;

> gestão de todos os sinais através de um microprocessador;

> Processamento de sinal padrão RS 232 C com velocidade de transmissão comutável.

11.3.4. O cartão I.S.A. e o software "PRISM

a- O cartão I.S.A.

A placa de aquisição I.S.A. (Industry Standard Architecture) é um acessório utilizado num microcomputador para automatizar as medições. Esta automatização requer duas funções principais:

> A aquisição de dados do mundo exterior é o papel dos inputs.

> As saídas são utilizadas para controlar as acções do computador.

A placa I.S.A. é instalada no bus IBM PC (ou 100% compatível). É gerida pelo spectralink. Esta placa é instalada no computador da mesma forma que qualquer outra placa, bastando seguir as instruções fornecidas pelo computador para aceder aos procedimentos. A placa de interface I.S.A. tem uma porta de endereço predefinida de 300 hexadecimais ou 768 decimais. O cabo plano de ligação é ligado entre a parte de trás da placa interna do spectralink e o conetor da placa I.S.A. Este cabo deve ser orientado de modo a que a cor da parte superior do spectralink fique virada para a parte inferior do computador, ou seja, o cabo deve ter uma torção.

b- Software "PRISM

A receção e o tratamento dos dados dos sinais experimentais são geridos pelo microcomputador utilizando o programa PRISM Jobin-Yvon. Este software é gerido por um menu e a sua execução é escolhida selecionando a função pretendida com o cursor e premindo simultaneamente as teclas SHIFT e F10. O menu principal aparece assim que se inicia o software PRISM, que oferece uma série de funções úteis para iniciar a aquisição e o tratamento dos dados.

As seguintes opções estão disponíveis neste menu:

> **Aquisição:** programa controla o motor de passo que move a grelha do monocromador e adquire o sinal recebido pelo PM. A função de aquisição só funciona se a placa ISA estiver instalada e o spectralink estiver ligado.

> **Informações:** Esta secção contém informações sobre os vários parâmetros de aquisição espetral e a manipulação de dados nos ficheiros.

> **Manipulação:** Esta secção permite visualizar, traçar e manipular matematicamente os

espectros adquiridos. As manipulações só funcionam se a placa PRISM estiver ligada.

> **Utilitários do sistema:** Este programa é independente do spectralink e da placa ISA. Facilita a utilização das secções, gere o arranque e a cópia de segurança automática.

> **Conversão ISA-ASCII:** Este programa converte ficheiros ISA para o formato ASCII para utilização com outro software, como o Origine, Excel, etc.

> **3D VIEW:** Esta opção permite que os espectros sejam visualizados em três dimensões.

> **RETORNO AO SO**Sai do software.

Capítulo 3

Emissões ópticas de pulverizações de níquel, crómio e óxidos de óxidos de NiO e Cr2O3

Parte 1

Emissões ópticas do níquel e do seu óxido NiO

Introdução

⁺Neste capítulo, apresentamos os resultados experimentais obtidos através do bombardeamento de amostras de níquel, crómio e seus óxidos NiO e Cr2O3 com feixe de iões Kr de 5 keV. A amostra de Ni é sólida, enquanto as amostras de NiO, Cr e Cr2O3 estão na forma de pó. Na primeira fase, realizámos as experiências com as quatro amostras num vácuo superior a 10 7 torr. Na segunda fase, bombardeámos as amostras de Ni e Cr numa atmosfera de oxigénio de 10 5 torr. Todos os espectros de luminescência foram registados sob as mesmas condições experimentais de bombardeamento e deteção.

Os espectros de luminescência que obtivemos são constituídos por uma série de linhas muito finas e cada espetro é registado várias vezes para verificar a reprodutibilidade das linhas espectrais e das suas intensidades.

Na presença oxigénio, medimos um aumento nas intensidades das linhas espectrais, que é discutido no contexto do modelo de troca de electrões entre a partícula ejectada e os níveis de energia do sólido. Utilizando este modelo, que assume que a presença de oxigénio modifica a estrutura da banda de energia do metal, examinamos a competição entre as transições radiativas e não radiativas das espécies excitadas formadas na vizinhança da superfície bombardeada. Isto permite-nos compreender as variações observadas no rendimento dos fotões.

Note-se que estes resultados foram objeto de várias comunicações orais e de duas publicações que citamos nas referências [12,47].

I. Propriedades físicas e químicas do níquel

O níquel é um metal branco-prateado com uma fratura fibrosa (Fig. 3-1), número atómico 28, massa molar média 58,7 g.mol 1, configuração eletrónica [Ar] $3d^8 4s^2$ com $^3F_4$como termo espetral do estado fundamental.

O níquel é um dos elementos mais abundantes no universo, mas só se encontra em pequenas quantidades na Terra. °É duro e ferromagnético até 355 C (ponto Curie) e é também um bom condutor de calor e eletricidade. As suas propriedades magnéticas e químicas são semelhantes às do ferro e do cobalto. O seu elevado nível de resistência explica a sua utilização na indústria química. A sua excecional resistência à corrosão é uma qualidade notável, daí a sua utilização na niquelagem.

O níquel é utilizado numa grande variedade de aplicações (medicina dentária, moedas, cordas de guitarras eléctricas, cascos de barcos, galvanoplastia ou niquelagem, siderurgia: produção de aços inoxidáveis e resistentes ao calor com um teor muito baixo de cobalto para aplicações nucleares, etc.). O níquel é igualmente utilizado na produção de ligas não ferrosas utilizadas, por exemplo, no fabrico de moedas, ferramentas e utensílios de cozinha.

Existem três tipos de óxido de níquel: monóxido de níquel NiO, dióxido de níquel NiO2 e trióxido de níquel Ni2O3.

O trióxido de níquel é um pó cinzento a preto que pode dissolver-se quando aquecido em ácido clorídrico, libertando cloro. O trióxido de níquel e o dióxido de níquel são considerados oxidantes fortes.

°O óxido de níquel NiO é obtido por aquecimento do níquel a uma temperatura superior a 400 C. Na presença de oxigénio, o níquel é utilizado na produção de aços especiais. Este óxido é o único material utilizado nas células solares sensibilizadas por corantes. As suas propriedades eléctricas são as seguintes: a sua condutividade é da ordem dos 10 '-10 ^{3} s.cm ^{1}, a sua densidade de portadores é da ordem dos 10^{17} cm^{-3} e a sua mobilidade de portadores é de 0,52

cm^2/s [48]. É o único material disponível sob a forma de nanoestruturas em pó. O NiO existe em duas formas alotrópicas, verde e preta, sendo a forma preta (Fig. 3-2) a mais reactiva. Pode reagir violentamente com o iodo e o sulfureto de hidrogénio. $^+$Os espectrogramas de massa de iões secundários registados em Fe, Ni e Cr mostram que a superfície destes metais, quando saturada com oxigénio e bombardeada com iões Ar, é coberta por uma película de óxido com a mesma composição que o óxido a granel FeO, NiO e Cr2O3 [49].

Figura 3-1: Níquel **Figura 3-2**: Óxido de níquel

II. Condições experimentais

As condições experimentais serão obviamente recordadas sempre que necessário. Podem ser descritas da seguinte forma:

> A energia cinética do feixe de iões bombardeados é de 5 keV, o que dá uma velocidade de deslocação do crípton de cerca de 3,4 km/s. A utilização do crípton não só limita as reacções sólido-gás, como também permite uma taxa de pulverização mais elevada do que com os iões de árgon, hélio ou néon [40]. Além disso, o crípton é menos dispendioso do que o xénon e tem menos impurezas de oxigénio.

> + A intensidade do feixe de Kr incidente situa-se entre 0,75 e 1,50 μA (ou seja, aproximadamente $10^{(12)\text{ iões/seg}}$.) com uma secção transversal da ordem de 1 mm^2.

> O alvo é bombardeado a um ângulo de 65 , o ângulo que a direção do feixe incidente faz com a normal à superfície. Este é o ângulo ótimo para obter o melhor rendimento de fotões, como se mostra na Figura 1-5 do Capítulo 1.

> A pressão residual no recinto que contém as amostras é superior a 5,10 $_8$ torr antes da ação do feixe. Aumenta para cerca de 8,10 ^{8} torr durante o bombardeamento e, após alguns minutos, estabiliza para atingir um valor de cerca de 10 $_7$ torr.

No que respeita à deteção de emissões luminosas :

> A gama espetral explorada estende-se de 190,00 a 650,00 nm.

> A resolução espetral mínima é fixada em 0,2 nm. É utilizado um passo de medição de 0,1 nm (uma vez que são necessários pelo menos três pontos para construir uma linha).

> O fotomultiplicador e a eletrónica de contagem são ajustados no início de cada registo para obter a melhor relação sinal/ruído. Este ajuste é geralmente efectuado nas linhas de ressonância e/ou nas linhas mais intensas.

> Antes de cada registo, o alvo é bombardeado para limpeza *in situ*. O sinal ótico estabiliza-se após alguns minutos (5 a 10 min).

III. Resultados experimentais

III.1. 1. Emissões ópticas de níquel

$^{+}$O espetro de luminescência observado quando uma amostra de níquel foi bombardeada com iões Kr de 5 keV é apresentado na Figura 3-3. O espetro é registado entre 280 e 400 nm porque, fora desta região, não se observam novas linhas para além das linhas de segunda ordem. O espetro representado na figura 3-3 compreende essencialmente cerca de vinte linhas, todas elas correspondentes à desexcitação de átomos neutros de níquel, ou seja, Ni I. A linha mais intensa situa-se no comprimento de onda λ=352,55 nm. °Esta linha de emissão, bem conhecida para este elemento, corresponde à transição entre os estados excitados $3d^9 4p$ ^3P 2 - $3d^9 4s$ $^3D_3$. É de notar que não foram observadas linhas associadas a iões Ni e, além disso, não detectámos qualquer radiação contínua na gama espetral explorada. As caraterísticas das linhas espectrais observadas são apresentadas na Tabela 3-1, cujas colunas podem ser descritas da seguinte forma:

As colunas 1 e 2 indicam os comprimentos de onda das linhas X_o observadas e os das linhas X_L conhecidas da literatura [50a,b], respetivamente.

A coluna 3 apresenta as intensidades relativas das diferentes linhas observadas em relação à linha mais intensa a 352,55 nm.

A coluna 4 mostra a identificação das linhas espectrais.

Finalmente, as colunas 5 e 6 apresentam os coeficientes de Einstein e os tempos de vida (em ns) [51] dos estados excitados correspondentes às transições observadas, quando estes são conhecidos.

A Tabela 3-1 mostra o seguinte:

O espetro registado contém vinte e três linhas espectrais, todas elas identificadas com átomos neutros de Ni I.

- Quatro destas vinte e três linhas estão associadas a transições para estado fundamental: $3d^8 4s^2$ $^3F_4$. Estas linhas estão localizadas a 323,39, 337,05, 339,20 e 341,05 nm e têm intensidades relativas de 9, 17, 25 e 60%, respetivamente.
- Três linhas estão localizadas em 341,05, 346,26 e 351,50 nm com intensidades relativas superiores a 50% da mais intensa. Os estados excitados destas linhas têm tempos de vida de 15, 30 e 12 ns, respetivamente.
- Doze outras linhas têm intensidades relativas entre 10 e 35% em comparação com a linha principal. Estas linhas estão localizadas a 300,45, 305,17, 310,28, 337,05, 339,20, 343,45, 344,72, 345,39, 347,35, 349,47, 356,73 e 362,10 nm. Estes correspondem a transições entre estados excitados.
- Sete linhas têm intensidades relativas inferiores a 10% em comparação com a linha mais intensa. Estas linhas estão localizadas a 313,50, 323,39, 342,47, 348,48, 359,88, 361,15 e 385,93 nm.

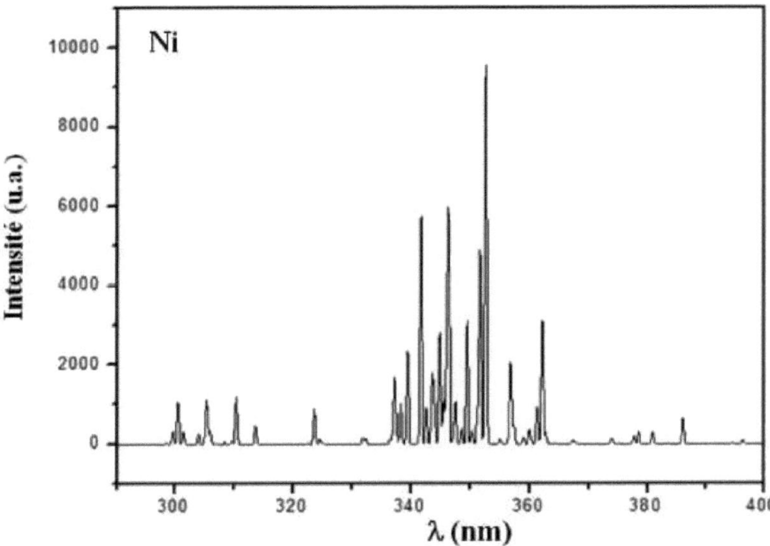

Figura 3-3: Espectro de emissão ótica do níquel

λo observado	/.' Literatura[50a,b]	Ir(%)	Transição [50a,b]	Aki (10^8 s) [51]	τ (ns) [51]
300.50	300,45 Ni I	11	3d84s4p ^{3}D3 - 3d^{9}4s^{3}D2	0.69	-
305.30	305,17 Ni I	12	8 18 ∂ 3 3T7° 9 J 9 л 3y\ 3d 4s4p F 4- 3d 4s D3	0.6	-
310.40	310,28 Ni I	12	3d84s4p ^{1}F°3- 3d^{9}4s	0.49	-
313.60	313,50 Ni I	05	3d^{9}4p 1P°1- 3d^{9}4s ^{3}D2	0.73	-
323.50	323,39 Ni I	09	3d^{9}4p ^{1}P 1- 3d84s^2 $^3F_4$	0.07	-
337.30	337,05 Ni I	17	3d^{9}4p^{3}G 4- 3d84s^2 ^{3}F4	0.02	17
339.40	339.20 Ni I	25	..a. <20 _ .0 . n <2 3d^{9}4p ^{3}F 4- 3d84s^2 ^{3}F4	0.06	15
341.20	341.05 Ni I	60	A 70 .ϱ O <2 3d^{9}4p ^{3}F 3- 3d84s^2 ^{3}F4	0.55	15
342.60	342,47 Ni I	09	3d^{9}4s$^3D_1$-3d^{9}4p$^3D_1$	0.33	-
343.60	343,45 Ni I	19	3d^{9}4p ^{3}F°3- 3d^{9}4s ^{3}D3	0.17	12
344.80	344,72 Ni I	29	3d^{9}4p ^{3}D°2- 3d^{9}4s ^{3}D2	0.44	17
345.50	345,39 Ni I	12	3d84s4p ^{5}F 3- 3d^{9}4s$^3D_2$	0.09	-
346.30	346,26 Ni I	63	3d84s4p ^{5}F°4- 3d4s ^{3}D3	0.27	30
347.50	347,35 Ni I	12	3d^{9}4p 1F°3- 3d^{9}4s ^{3}D2	0.12	11
348.60	348,48 Ni I	04	3d^{9}4p ^{3}D 1- 3d84s^2 ^{3}F2	0.14	-
349.50	349,47 Ni I	32	3d^{9}4p ^{3}P°1- 3d^{9}4s $^3D_2$	0.98	10
351.70	351.50 Ni I	51	3d^{9}4p ^{3}F°3- 3d^{9}4s ^{3}D2	0.11	12
352.60	352,55 Ni I	100	3d^{9}4p ^{3}P°2- 3d^{9}4s ^{3}D3	1	-
356.80	356,73 Ni I	21	3d^{9}4p 1D°2- 3d^{9}4s 1D2	0.56	7.4
360.00	359,88 Ni I	04	3d^{9}4p ^{3}P°1- 3d^{9}4s ^{3}D1	0.14	10
361.30	361.15 Ni I	09	3d^{9}4p ^{3}P°2- 3d^{9}4s ^{3}D2	0.07	-
362.20	362.10 Ni I	32	3d84s^2 ^{3}F2- 3d84s4p ^{5}F 3	0.04	-
386.00	385,93 Ni I	06	3d^{9}4p ^{3}F°3- 3d^{9}4s 1D2	0.06	12

Quadro 3-1: Raios de emissão observados durante o bombardeamento de uma amostra níquel limpo

III.2. 2. Emissões ópticas do níquel oxigenado

A figura 3-4a mostra o espetro de luminescência que registámos durante o bombardeamento de níquel na presença uma pressão de 10 5 torr de oxigénio. Este espetro é medido nas mesmas condições de bombardeamento e de deteção que o do níquel a uma pressão de base inferior a 10 7' torr. A comparação dos dois espectros das figuras 3-3 e 3-4a, sem e com oxigénio, mostra que temos o mesmo número de linhas, todas com os mesmos comprimentos de onda, mas com intensidades muito diferentes. De facto, na presença oxigénio, registamos um aumento de todas as linhas espectrais associadas ao Ni I. A linha mais intensa do espetro do níquel oxigenado (Fig. 3-4 a) apenas aumentou por um fator de 1,18. As linhas associadas às transições para estado fundamental (^{3}F4) sofreram um aumento de 1,53, 1,33, 1,35 e 1,31, que anotámos pelo rácio R1 na Tabela 3.2. Estas linhas estão localizadas a 323,39, 337,05, 339,20 e 341,05 nm, respetivamente.

É de notar que na região espetral explorada, não observámos quaisquer de emissão atribuídas ao oxigénio. $^+$Além disso, tal como no espetro limpo de Ni, não registámos quaisquer linhas associadas a iões Kr ou radiação contínua.

III.3. 3. Emissões ópticas do óxido de níquel

$^+$A figura 3-4b mostra o espetro de luminescência registado entre 280 e 400 nm de alvo de óxido de níquel (NiO) durante o bombardeamento por iões Kr de 5 keV. As linhas obtidas neste caso são exatamente as mesmas que as medidas para o níquel limpo. No entanto, as intensidades diminuíram por um fator de cerca de 4 para a maioria das linhas espectrais. $^\circ$A linha mais intensa ainda está localizada em 352,55 nm, que identificamos com a transição ^{3}P 2-^{3}D3.

O rácio R2 das intensidades das linhas espectrais (Tabela 3-2) revela os seguintes pontos:

- Duas linhas, localizadas a 347,35 e 348,48 nm, sofreram uma redução significativa, com R2 a atingir um fator de 0,02.
- Quatro linhas, localizadas a 323,39, 337,29, 339,20 e 341,05 nm, associadas a transições para o estado fundamental (^{3}F4) diminuíram quase com o mesmo rácio R2, próximo de 0,30.
- A linha a 361,15 nm tem uma intensidade que parece permanecer insensível, uma vez que tem um rácio R2 igual a 1,09.
- Três linhas têm intensidades que diminuem por um rácio R2 da ordem de 0,75; estão localizadas a 300,45, 362,10 e 385,93 nm.
- Três linhas têm intensidades com um rácio R2 que varia entre 0,20 e 0,30. Estas linhas estão localizadas a 305,17, 310,28, 313,50, 342,47, 343,45, 344,72, 345,39, 346,26, 349,47, 351,50, 352,55, 356,73 e 359,88 nm.

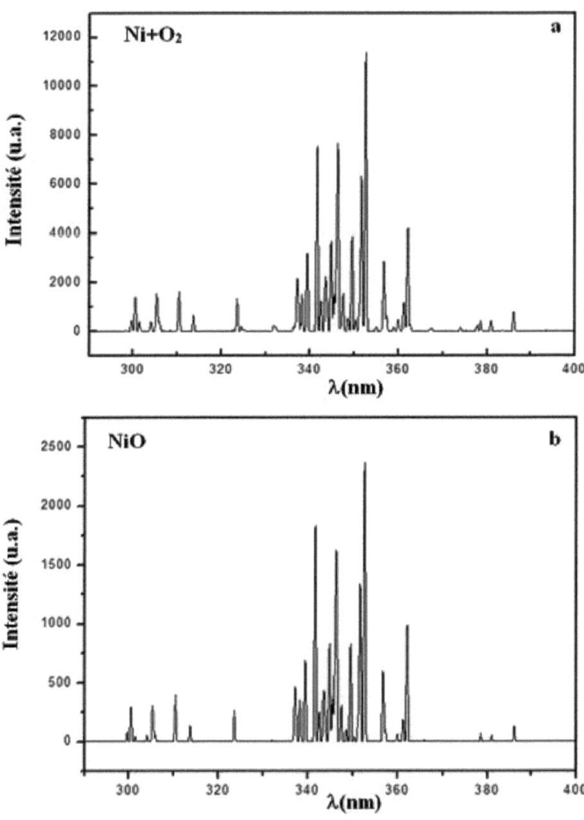

Figura 3-4: Espectros de luminescência registados durante o bombardeamento iónico de amostras de: a) níquel na presença de oxigénio, b) óxido de níquel.

Ni ([Ar] $3d^8$ 4s2- ^{3}F4)

λ (nm) Literatura	Corrente absoluta I (a.u.)			Rácios de intensidade		Energia de nível (eV)		
	Ni	Ni+O2	NiO	$R_1 = \frac{I_{Ni+O_2}}{I_{Ni}}$	$R_2 = \frac{I_{NiO}}{I_{Ni}}$	ESup	Ejnf	Ev
300.45 Ni I	1060	1405	800	1,32	0,75	4.15	0.10	-3.48
305,17 Ni I	1120	1555	315	1,38	0,28	4.08	0.02	-3.55
310,28 Ni I	1045	1565	405	1,49	0,38	4.42	0.42	-3.21
313,50 Ni I	455	655	145	1,43	0,31	3.83	0.21	-3.80
323,39 Ni I	885	1360	270	1,53	0,30	3.83	0.00	-3.80
337,05 Ni I	1630	2175	470	1,33	0,28	3.67	0.00	-3.96
339.20 Ni I	2355	3185	700	1,35	0,29	3.65	0.00	-3.98
341.05 Ni I	5740	7570	1840	1,31	0,32	3.63	0.00	-4.00
342,47 Ni I	900	1245	260	1,38	0,28	3.83	0.21	-3.80
343,45 Ni I	1785	2250	430	1,26	0,24	3.63	0.02	-4.01
344,72 Ni I	2810	3695	835	1,31	0,29	3.70	0.10	-3.93

345,39 Ni I	1120	1505	366	1,34	0,32	3.69	0.10	-3.94
346,26 Ni I	5990	7695	1630	1,28	0,27	3.60	0.02	-4.03
347,35 Ni I	1065	1555	30	1,46	0,02	3.68	0.10	-3.95
348,48 Ni I	355	535	10	1,50	0,02	3.83	0.27	-3.80
349,47 Ni I	3100	3885	840	1,25	0,27	3.66	0.10	-3.97
351.50 Ni I	4905	6340	1345	1,29	0,27	3.63	0.10	-4.00
352,55 Ni I	9565	11380	2375	1,18	0,24	3.54	0.02	-4.09
356,73 Ni I	2045	2875	605	1,40	0,29	3.90	0.42	-3.73
359,88 Ni I	360	485	65	1,34	0,18	3.66	0.21	-3.97
361.15 Ni I	910	1185	992	1,30	1,09	3.54	0.10	-4.09
362.10 Ni I	3080	4228	2330	1,37	0,75	3.85	0.42	-3.78
385,93 Ni I	620	810	465	1,30	0,75	3.63	0.42	-4.00

Tabela 3-2: Raios de emissão observados durante o bombardeamento das amostras Ni, Ni+O2 e NiO

IV. Discussão e interpretação dos resultados

Na Tabela 3-2, apresentamos as caraterísticas das linhas espectrais cujas intensidades absolutas são superiores a 3% da linha mais intensa (λ= 352,60 nm). A primeira coluna indica os comprimentos de onda destas linhas, que identificámos como linhas atómicas de Ni I. As 3 colunas seguintes apresentam as intensidades absolutas destas linhas medidas quando se bombardeia níquel, níquel na presença de oxigénio (níquel oxigenado) e óxido de níquel NiO. Na 5ª e 6ª colunas, indicamos as razões de intensidade entre o níquel oxigenado e o níquel limpo (razão R_1) e entre o óxido de níquel e o níquel limpo (razão R_2), respetivamente. + + +As três últimas colunas indicam as posições energéticas dos estados superior e inferior (em eV), bem como o E_V de energia definido por E*-I onde E* é a energia do estado emissor e I é o potencial de ionização simples I = 7,63 eV **[**50a,b**].** Na presença de oxigénio, verificamos um aumento das intensidades das linhas espectrais e dizemos que estas linhas têm uma dependência positiva. Por outro lado, registámos uma diminuição das intensidades destas mesmas linhas no caso do óxido de níquel. Além disso, devemos salientar que a intensidade do feixe de iões de bombardeamento foi de 0,9 μA para o NiO enquanto que é de 1,16 μA para o bulk Ni. Esta diferença na intensidade espetral também foi observada no caso do Fe em massa e da magnetite em pó [11]. Note-se que, para estabelecer uma comparação entre os espectros, seria útil realizar as experiências com amostras da mesma natureza, nomeadamente Ni e NiO, ambas em pó.

A exaltação das intensidades observadas para o níquel na presença de oxigénio (níquel oxigenado) foi também referida por Kaddouri [40] e van der Weg et al. [52]. Esta exaltação pode ser adequadamente explicada pelo modelo de troca de electrões. Para ilustrar este modelo, desenhámos um diagrama de níveis de energia na Figura 3-5, utilizando a energia do vácuo como origem. Na coluna da esquerda estão representadas as bandas de energia do metal Ni e na coluna da direita as do seu óxido NiO. A título informativo, representámos entre estas bandas alguns dos níveis de energia do átomo excitado que estão associados a certas transições ópticas observadas. O metal limpo é assim identificado pela sua função trabalho φ(Ní) =5.15 [53] e o óxido NiO pela sua afinidade eletrónica A_f de valor 1.46 eV [54] e pelo seu gap E_g 3.3eV [55] e finalmente o estado do átomo excitado é identificado pela energia E_V. No modelo de troca de electrões, o oxigénio adsorvido na superfície do alvo modifica a estrutura da banda de energia do alvo inicial e o sólido assim formado é um "óxido" caracterizado por um intervalo que separa a banda de condução da banda de valência.

Referindo-nos ao diagrama de energia da Figura 3-5, observamos que os estados emissores das linhas, manifestando uma dependência positiva, se situam todos em frente quer da banda de condução (- Φ<Ev<0) quer do gap do óxido (Ev <-A_f). Tal posição energética implica que estes estados excitados podem então trocar o seu eletrão excitado com o metal e não com óxido formado. Consequentemente, a presença uma lacuna bloqueia os processos de desexcitação não radiativa e, por conseguinte, permite que os estados excitados das partículas sejam despovoados pela emissão de fotões, o que, no caso do níquel oxigenado, intensifica o sinal luminoso das linhas associadas a estes estados emissores. Como mencionado anteriormente, todas as intensidades das linhas sofreram um aumento (dependência positiva), o que mostra que todos os estados emissores nestas linhas devem estar opostos ao gap na amostra de Ni oxigenado. Este modelo sugere que a presença oxigénio na vizinhança do metal limpo leva à formação uma camada constituída átomos de metal e oxigénio em que a ligação química metal-oxigénio é bastante próxima da do óxido. É de notar, no entanto, que a composição desta nova camada não é necessariamente a do óxido em massa e pode variar com a profundidade.

Quanto à amostra de óxido de níquel, que utilizámos na forma de pó, medimos uma diminuição das intensidades das linhas espectrais. Esta diminuição está provavelmente relacionada com a quantidade de material pulverizado, uma vez que esta última é regida pela eficiência das colisões em cascata iniciadas pelo ião incidente. A energia transferida durante as colisões parece ser "aniquilada" no óxido de níquel em pó, levando a uma redução do número de partículas ejectadas e, portanto, do número de espécies excitadas. Este resultado está de acordo com o trabalho de Hammoum et al [11] sobre ferro sólido e magnetite (Fe_2O_3) em pó.

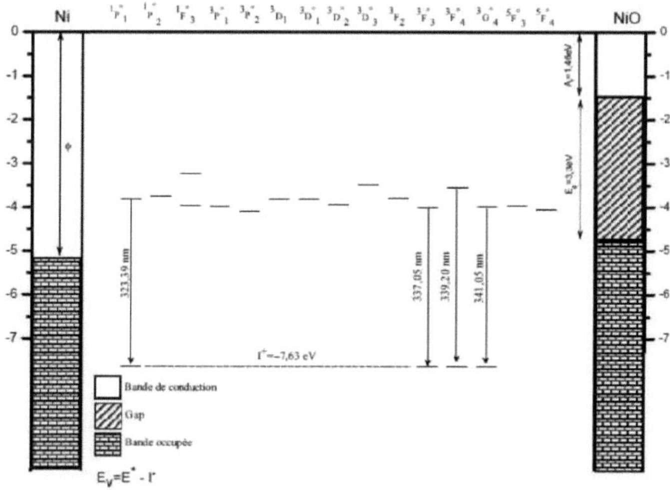

Figura 3-5: Diagrama dos níveis de energia do metal Ni, do óxido NiO e dos estados de emissão das linhas Ni I

Parte 2

Emissões ópticas de crómio e do seu óxido $Cr2O3$

I. Propriedades físicas e químicas do crómio

O crómio pertence à série dos metais de transição, o seu número atómico é Z= 24 e a sua configuração eletrónica é dada por : [Ar] $3d^5$ $4s^1$ correspondente ao termo espetral $^7S_3$. O crómio apresenta-se naturalmente como um metal duro, cinzento-aço (Fig. 3.6).

O óxido de crómio Cr_2O_3 é um sólido cristalino obtido por ação do ácido sulfúrico sobre o dicromato de potássio. Tem o aspeto de um pó verde (Fig. 37). Esta coloração é devida à excitação dos níveis de energia dos electrões da subcamada d por certos comprimentos de onda da luz. O Cr_2O_3 caracteriza-se pela sua boa dureza e estabilidade química à temperatura ambiente. É muito estável e ocorre naturalmente em minérios como a cromite. O Cr_2O_3 é também amplamente utilizado como revestimento protetor e eletroquímico. Contudo, ao contrário do Cr_2O_3, o óxido de crómio CrO_3 é altamente instável e oxida rapidamente em Cr_2O_3. A cinética e a toxicidade dos compostos de crómio dependem principalmente do estado de oxidação do composto e da sua solubilidade em meios biológicos. Os principais utilizadores do crómio e dos seus óxidos são a metalurgia (aço inoxidável, ligas ferrosas e não ferrosas), o sector dos refractários (resistência a altas temperaturas) e a indústria química (pigmentos, cromagem, curtumes, preservação da madeira).

Figura 3-6: Crómio sólido **Figura 3-7**: Óxido de crómio

Em 1797, o óxido de crómio (Cr_2O_3) foi produzido por adição de ácido clorídrico à cromite. Um ano mais tarde, foi possível isolar o crómio metálico aquecendo o óxido num forno a carvão. Em 1953, Shull e Wilkmson [56a] demonstraram o antiferromagnetismo do crómio por difração de neutrões. Mostraram que o metal tem uma estrutura magnética em que os átomos dos vértices e os do centro da rede cúbica elementar têm momentos magnéticos antiparalelos. °°A sua temperatura de fusão é de 1907 C e a sua temperatura de ebulição é de 2671 C e a sua densidade é de 7,15 g cm'3 a 20 C [56b].

O óxido de Cr2O3 caracteriza-se por um intervalo cujo valor é muito controverso. As medições efectuadas numa película passiva de óxido de crómio com excitação por fotoluminescência UV mostram um pico a 400 nm para uma solução ácida e a 440 nm para uma solução neutra. Estes valores correspondem a valores de gap de 3,1 eV e 2,8 eV, respetivamente [57]. °Misho et al [58] também estudaram as propriedades ópticas de uma película de óxido de Cr2O3 obtida pelo método de pirólise por pulverização, pulverizando uma solução de $Cr(NO_3)_3$ sobre um substrato de vidro pré-aquecido a uma temperatura de 500 C. A análise dos espectros de absorção e de transmissão da película revelou um valor de gap de 3,40 eV [58]. O estudo do efeito da temperatura nas propriedades ópticas foi recentemente repetido por Al-Kuhaili e Durrani [59] numa película de óxido de crómio depositada por evaporação de feixe de electrões. °O seu trabalho revelou um intervalo de 2,86 eV para uma película depositada num substrato aquecido a 300 C e um intervalo de 2,67 eV quando depositada num substrato não aquecido. Hones et al [60] mediram valores de gap que variam entre 3,62 eV e 3,71 eV para películas de óxido depositadas por pulverização catódica a diferentes temperaturas e diferentes pressões de oxigénio. No caso de uma película de Cr_2O3 policristalina depositada por deposição química em fase vapor, Julkarnain et al [61] determinaram um intervalo de 3,09 eV a T=720 K e de 2,98 eV a T=820 K.

No que respeita ao estudo espetroscópico, a emissão ótica do crómio foi analisada por Wagatsuma [62], utilizando a espetroscopia de descarga luminescente, tendo sido observadas 2049 linhas numa gama espetral que se estende de 200 a 440 nm. $^+$Além disso, os trabalhos de MacDonald e Martin [63] mostraram que o bombardeamento iónico de crómio numa atmosfera de oxigénio melhora o rendimento de iões Cr monocarregados do alvo policristalino, utilizando a emissão ótica e a emissão de iões de crómio secundários.

Veremos que os nossos espectros contêm muito poucas linhas espectrais em comparação com os espectros obtidos pela descarga luminescente, devido ao facto de, nas nossas condições experimentais, o plasma produzido pelo feixe de iões não ser quente.

II. Resultados experimentais

II.1. . Emissões ópticas de crómio

As condições experimentais de bombardeamento são as mesmas que anteriormente (Parte A). No que respeita à deteção, a gama espetral explorada continua a estender-se de 190,00 a 650,00 nm, mas a grande maioria das linhas situa-se entre 350 e 470 nm.

$^+$ O espetro de luminescência do crómio obtido durante o bombardeamento por iões Kr de 5 keV é apresentado na Figura 3-8. Contém cerca de quinze linhas discretas relativamente intensas. As linhas espectrais observadas são diretamente com as linhas Cr I, ou seja, emissões ópticas de átomos neutros. É de notar que não se observam linhas associadas a iões Cr e, além disso, não detectámos qualquer radiação contínua na gama espetral explorada.

°No espetro registado, a linha mais intensa está localizada a 425,50 nm e está associada à transição de um eletrão 4p para orbital 4s do estado fundamental, ou seja: $3d^5 4p\ z^7P\ 4$ - $3d^5 4s\ a^7 s3$. O tempo de vida do estado excitado é de 31,6 ns. Para efeitos de avaliação, limitámo-nos a examinar apenas as linhas cuja intensidade é superior a 3% da intensidade da linha mais intensa.

Os comprimentos de onda das linhas detectadas são dados na Tabela 3-3, juntamente com as suas intensidades relativas e a identificação das transições ópticas envolvidas. As últimas colunas indicam os coeficientes de Einstein e os tempos de vida de certos estados excitados.

Para além da linha mais intensa, temos cinco outras linhas relativamente intensas localizadas a 357,97, 359,45, 360,60, 427,60 e 429,09 nm com intensidades relativas de 48, 36, 26, 93 e 67 %, respetivamente. Todas estas linhas correspondem a transições para estado fundamental: $^7 s3$. Os estados de emissão destas linhas têm tempos de vida de 6,9, 7,1, 6,3, 32 e 32 ns, respetivamente.

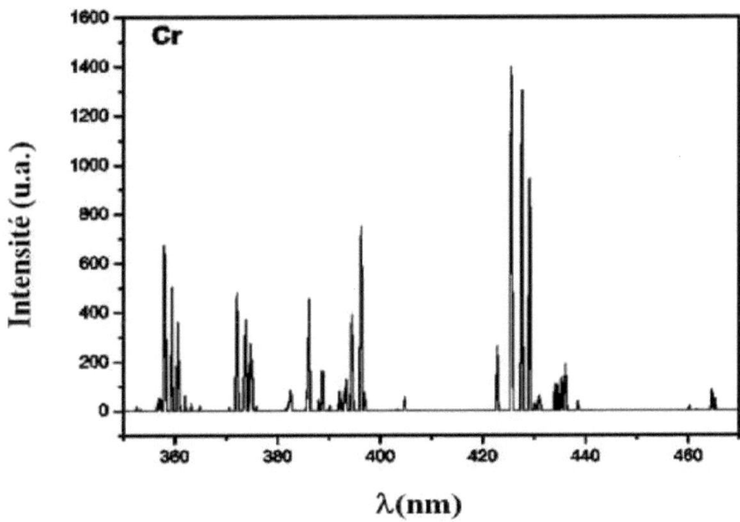

Figura 3-8: Espectro de emissão ótica do crómio
Cr ([Ar] $3d^5 4s^1$ - $^7S_3$)

λ_O Observado	λ_L Literatura[50a,b]	Ir(%)	Transição [50a,b]	Aki (108 seg) [51]	τ (ns) [51]
357.90	357,97 Cr I	48	3d44s4py $^7P_4$ - 3d^{5}4sa $^7S_3$	0.69	6.9
359.40	359,45 Cr I	36	3d44s4py $^7P_3$ - 3d^{5}4sa $^7S_3$	0.6	7.1
360.60	360,63 Cr I	26	3d44s4py $^7P_2$ - 3d^{5}4sa $^7S_3$	0.49	6.3
388.70	388,63 Cr I	12	3d44s4pz $^5D_2$- 3d^{4}4s^{2}a ^{5}D1	0.73	-
392.00	392,03 Cr I	04	3d44s4pz $^5D_4$ - 3d^{4}4s^{2}a $^5D_4$	0.02	-
393.00	392,98 Cr I	05	3d44s4pz $^5D_2$ - 3d^{4}4s^{2}a 5D_3	0.55	-
404.70	404,33 Cr I	04	3d44s4px 5F_3 - 3d^{5}4sa $^5G_4$	0.33	-
425.50	425,55 Cr I	100	3d^{5}4p z $^7P_4$- 3d^{5}4s a$^7S_3$	0.17	31.6
427.60	427,60 Cr I	93	3d^{5}4pz $^7P_3$ - 3d^{5}4s a $^7S_3$	0.44	32
429.10	429,09 Cr I	67	3d^{5}4pz $^7P_2$ - 3d^{5}4sa $^7S_3$	0.09	32
434.60	434,43 Cr I	08	3d44s4pv 5P_2 - 3d^{5}4sa ^{5}P1	0.27	-
435.30	435,29 Cr I	10	3d44s4pz $^5F_5$ - 3d^{4}4s^{2}a $^5D_4$	0.12	-
438.40	438,41 Cr I	03	3d44s4pv 5P°1 - 3d^{5}4sa T'-	0.14	-
464.70	464,74 Cr I	06	3d44s4py $^5P_3$ - 3d^{4}4s^{2}a $^5D_4$	0.98	63
465.30	464,96 Cr I	04	3d^{5}4py $^5H_6$- 3d^{4}4s^{2}a $^3H_6$	0.11	9.5

Quadro 3-3: Espectros de emissão ótica do crómio e sua identificação

II.2. . Emissões ópticas do crómio oxigenado e do óxido de crómio

Os espectros de luminescência observados na região de 350 a 470 nm quando as amostras de crómio foram bombardeadas numa atmosfera de oxigénio de 10 5 torr e de óxido de crómio são apresentados nas figuras 3-9 a e b. Estes espectros mostram uma série de linhas discretas nos mesmos comprimentos de onda que os obtidos com uma amostra de crómio limpa, pelo que são todos identificados como linhas Cr I. Nos dois espectros registados, não se observam linhas associadas a um ião na gama espetral explorada. Do mesmo modo, não foi detectada qualquer emissão ótica de oxigénio ou crípton. +++Além disso, na região espetral explorada, não observámos qualquer radiação contínua, ao contrário de um estudo de Kiyan et al [64] que encontrou emissão ótica contínua quando o crómio foi bombardeado por iões Ne , Ar e Xe com uma energia cinética de 30 keV. Os dois espectros diferem ligeiramente em intensidade dos do crómio limpo. Notámos também a presença de quatro linhas espectrais a 362,00, 372,10, 374,70 e 382,60 nm que identificámos como linhas de ferro. A deteção destas linhas estranhas mostra que a técnica SIPS que utilizamos é muito sensível à presença de impurezas vestigiais. A intensidade destas linhas diminui à medida que a amostra é bombardeada. Estas linhas acabam por desaparecer e não serão registadas nas tabelas ou discutidas mais adiante. A comparação dos espectros registados mostra que as intensidades das linhas espectrais de Cr I estão aumentadas tanto para o crómio na presença oxigénio (crómio oxigenado) como óxido de crómio Cr2O3. No entanto, este aumento é muito mais pronunciado no caso do crómio oxigenado. Este aumento depende do comprimento de onda e, por conseguinte, da transição eletrónica envolvida; por exemplo, observou-se um aumento das intensidades das linhas medidas a 357,97 e 435,29 nm com um fator de 1,86 e 2,92, respetivamente. A mesma observação foi feita por Kaddouri [40] no caso do crómio sólido, que condições experimentais muito semelhantes às nossas.

O quadro 3-4 apresenta os comprimentos de onda das linhas de Cr I (coluna 1) e as intensidades absolutas (coluna 2) destas linhas observadas durante o bombardeamento de crómio limpo, crómio oxigenado e óxido de crómio. A coluna 3 apresenta o rácio das intensidades absolutas. A última coluna indica as posições energéticas (em eV) dos estados electrónicos superiores e inferiores envolvidos transição em análise, bem como a energia E_v que utilizaremos na discussão do parágrafo seguinte. $^+$Esta energia é definida em relação à energia do vácuo e é igual à diferença entre a energia E^* do estado emissor e o potencial de ionização I do crómio, que é de 6,76 eV [50a,b].

No quadro 3-4, a coluna que apresenta o rácio R_1 revela os seguintes pontos:

- As intensidades das linhas espectrais observadas no caso do crómio oxigenado sofreram um aumento significativo, com a razão R_1 a variar entre 1,41 e 5,75.
- A linha principal, localizada a 425,55 nm, aumentou de intensidade por um fator de 1,57.
- Seis linhas atómicas têm uma razão R_1 que varia de 1,40 a 1,95. Estas linhas de-excitam em direção ao estado fundamental ($^7S_3$) e estão localizadas a 357,97, 359,45, 360,63, 425,55, 427,60 e 429,09 nm.

Quanto à coluna que dá o rácio R_2 associado ao óxido, podemos observar que :

- A linha principal apenas aumentou por um fator de 1,12.
- A maioria das linhas aumentou com um rácio R_2 que varia entre 1,05 e 1,58.
- A linha espetral do Cr_2O3 localizada a 427,60 nm tem uma intensidade que parece permanecer insensível, uma vez que tem um rácio R_2 igual a 1,03.

A intensidade de todas as linhas emitidas pelo Cr2O3 diminuiu em comparação com as emitidas pelo crómio oxigenado, e esta diminuição atingiu 60%.

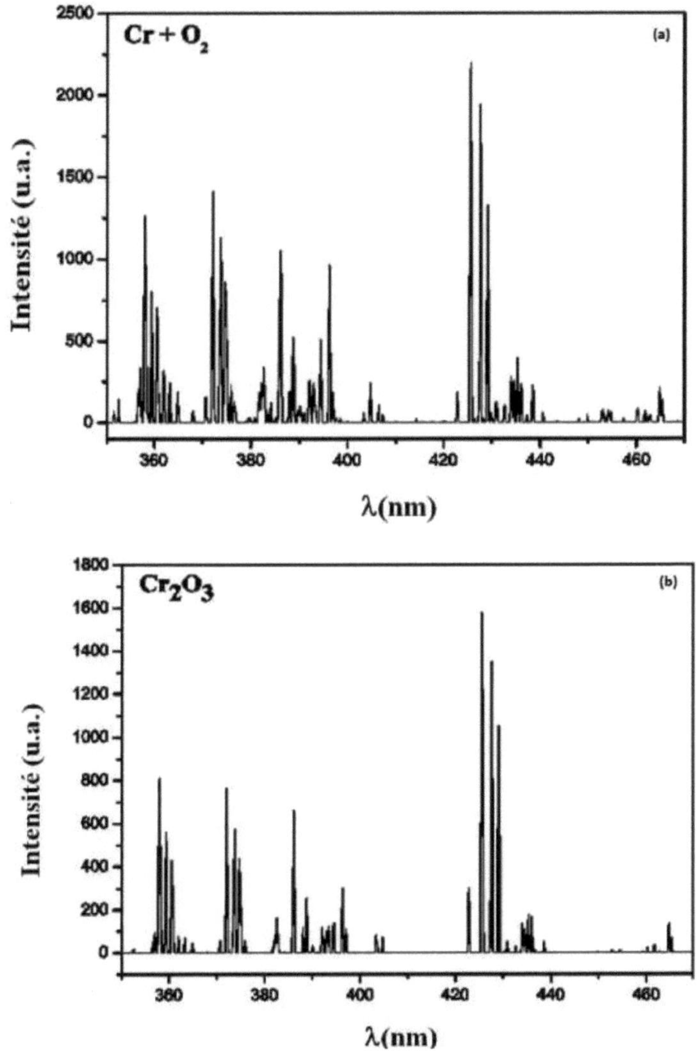

Figura 3-9: Espectros medidos durante o bombardeamento de uma amostra de: a) crómio na presença de oxigénio, b) óxido de crómio

Cr ([Ar] $3d^4 4s^2$- $^7S_3$)

λ (nm) Literatura	Corrente absoluta (a.u.)			Rácios de intensidade		Energia de nível (eV)		
	Cr P=10"7 (torr)	Cr+O2 P=10"5 (torr)	Cr2O3 P=10"7 (torr)	$R_1 = \frac{I_{Cr+O_2}}{I_{Cr}}$	$R_2 = \frac{I_{Cr_2O_3}}{I_{Cr}}$	E ^sup	Einf	Ev
357,97 Cr I	675	1260	810	1,86	1,20	3.463	0.000	-3.30
359,45 Cr I	500	805	560	1,61	1,12	3.449	0.000	-3.32
360,63 Cr I	360	705	430	1,95	1,19	3.438	0.000	-3.33
388,63 Cr I	165	520	255	3,15	1,54	4.159	0.968	-2.61
392,03 Cr I	80	260	120	3,25	1,50	4.193	1.030	-2.57
392,98 Cr I	75	240	100	3,20	1,33	4.159	1.004	-2.61
404,33 Cr I	55	240	70	4,36	1,27	5.611	2.545	-1.16
425,55 Cr I	1400	2200	1580	1,57	1,12	2.913	0.000	-3.85
427,60 Cr I	1300	1940	1345	1,49	1,03	2.899	0.000	-3.87
429,09 Cr I	940	1330	1050	1,41	1,11	2.889	0.000	-3.88
434,43 Cr I	105	250	110	2,38	1,05	5.564	2.710	-1.20
435,29 Cr I	135	395	180	2,92	1,33	3.878	1.030	-2.89
438,41 Cr I	40	230	55	5,75	1,37	5.538	2.710	-1.23
464,74 Cr I	85	215	135	2,52	1,58	3.698	1.030	-3.07
464,96 Cr I	50	140	70	2,80	1,40	5.667	3.000	-1.10

Quadro 3-4: Raios de emissão observados durante o bombardeamento de uma amostra de crómio na presença e ausência de oxigénio

III. Discussão e interpretação dos resultados

Registou-se um aumento das intensidades, ou seja, a dependência positiva, das linhas Cr I quando se passa do Cr limpo para o Cr oxigenado. Numa tentativa explicar este comportamento, a Figura 3-10 mostra um diagrama esquemático dos níveis energéticos do metal Cr, do óxido Cr2O3 e dos níveis superiores associados a algumas das transições ópticas observadas. Neste diagrama, o metal é caracterizado pela sua função trabalho φ = 4,5 eV [65]; o óxido de crómio Cr_2O_3, sendo um semicondutor, é caracterizado pela largura seu band gap: E_g = 2,67 eV [59] e pela afinidade eletrónica que estimaremos mais adiante. Finalmente, os estados emissores dos átomos excitados são identificados pela energia E_v.

<|<De acordo com o modelo, as linhas que manifestam a dependência positiva devem ter seu estado emissor localizado em frente à banda de função de trabalho do metal (0 py Φy) e ao gap do óxido (Af <|EV|<Af + Eg). Esses estados podem então trocar seu elétron excitado com o metal e não com o óxido. Como resultado, os processos de desexcitação não radiativos são bloqueados e a depopulação dos estados excitados ocorre então por emissão de fótons, o que intensifica o sinal de luz das linhas associadas a esses estados emissores.

Estas considerações permitem-nos sugerir, para o crómio oxigenado, um valor de gap de pelo menos 2,78 eV (E_g é determinado pela diferença de energia entre o valor de $|E_v|$ correspondente ao nível energético de 3,88 eV associado à linha de 429,09 nm e o valor mais baixo de E_v de 1,10 eV associado à linha de 464,96 nm). O valor do band gap que medimos está em perfeita concordância com o valor de E_g=2,67 eV obtido por Al-Kuhaili e Durrani [59] para um filme de óxido de crómio depositado sobre um substrato não aquecido. Quanto à afinidade eletrónica, podemos sugerir um valor máximo de 1,10 eV. Este valor é o mais pequeno das energias absolutas |Ev| e está associado à linha de 464,96 nm mostrando uma dependência positiva.

Estes resultados levam-nos a propor o diagrama de bandas de energia para o Cr oxigenado que representamos na mesma figura 3-10. Este diagrama parte do princípio de que a presença de oxigénio modifica "drasticamente" a estrutura das bandas de energia do alvo inicial após a quimissorção deste gás. Esta hipótese pode ser apoiada pelo trabalho de Sakisaka et al [66] que estudaram a interação do oxigénio a 300 K com a superfície do crómio utilizando as técnicas AES (espetroscopia Auger), LEED (difração lenta de electrões) e SES (espetroscopia de electrões secundários). Mostraram que a variação da função trabalho em função da pressão de oxigénio revela a formação de uma camada de óxido de Cr_2O_3.

Nas nossas experiências, o novo sólido formado é um óxido caracterizado por um "band gap" e uma afinidade eletrónica. O diagrama que propusemos para o filme de óxido formado explica adequadamente a exaltação observada de todas as linhas espectrais do Cr I quando passamos do metal limpo para o metal oxigenado. De facto, podemos considerar que, nas nossas condições experimentais, o comportamento observado para a emissão de luz na presença de oxigénio é regido por uma situação em que se forma um sistema com uma composição e uma estrutura de bandas intermédia entre a do metal e a do óxido. Este sistema é uma mistura "metal-oxigénio" cuja estrequiometria é diferente da do óxido e é regida pela competição entre a ação erosiva do feixe de iões bombardeados e a adsorção de átomos de oxigénio na superfície.

A diminuição das intensidades das linhas que observámos quando passamos do óxido para o crómio oxigenado é provavelmente devida à contribuição de um mecanismo que é mais favorável no caso do Cr oxigenado do que no caso do óxido. Trata-se da dissociação radiativa das moléculas de $Cr\text{-}O_2$. Estas moléculas são formadas por adsorção de oxigénio na superfície do Cr e são ejectadas, sob o efeito do bombardeamento, a uma distância da superfície para escapar ao processo não radiativo devido à interação com a superfície.

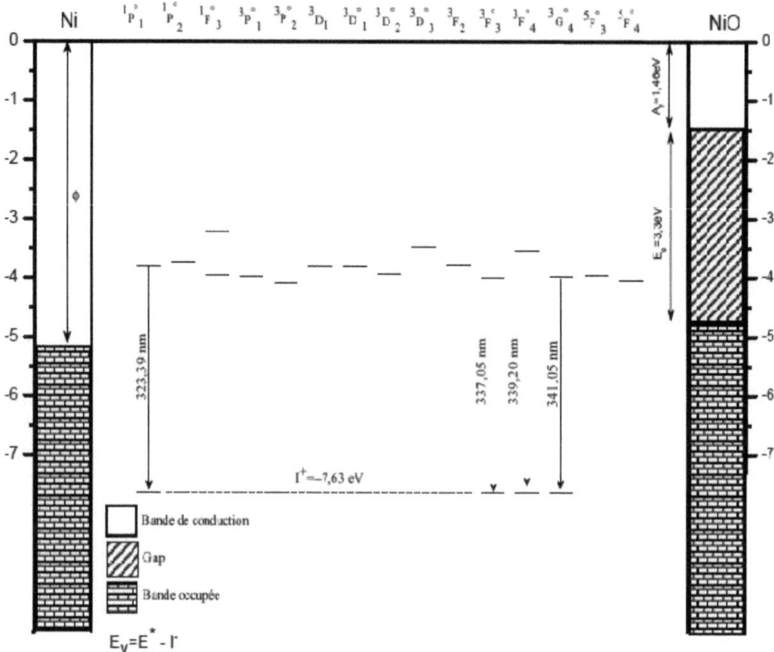

Figura 3-5: Diagrama dos níveis de energia do metal Ni, do óxido NiO e dos estados de emissão das linhas Ni I

Conclusão

+Estudámos os espectros de luminescência dos dois metais de transição seguintes: níquel e crómio, quando bombardeados com iões Kr a 5 keV. Também medimos os espectros de luminescência dos óxidos correspondentes nas mesmas condições experimentais: NiO e Cr_2O_3. A radiação ótica observada apresenta-se sob a forma de linhas discretas atribuídas a transições electrónicas caraterísticas dos átomos neutros de níquel e crómio, ou seja, linhas Ni I e Cr I. Os nossos resultados mostram também que a presença de oxigénio durante o bombardeamento do alvo produz as mesmas linhas espectrais, mas com um aumento de intensidade. Estas mesmas linhas espectrais estão também presentes caso de um alvo de óxido com intensidades superiores às obtidas para o metal limpo mas inferiores às do metal oxigenado. Para estes dois elementos, não observámos qualquer radiação contínua.

A exaltação das intensidades das linhas espectrais é interpretada adequadamente no âmbito do modelo de troca de electrões entre a superfície e a partícula ejectada. A validade deste modelo sugere que, na presença de oxigénio, se forma uma estrutura cujo padrão de bandas de energia é intermédio entre o do metal e o do óxido. O ligeiro aumento das intensidades espectrais observado no caso do metal oxigenado em relação ao óxido é explicado pela contribuição da dissociação radiativa.

Capítulo 4

Emissões ópticas de para pulverização de titânio

Introdução

$^+$Os resultados apresentados neste capítulo foram obtidos através do bombardeamento de um alvo sólido de titânio com iões Kr com uma energia cinética de 5 keV.

Examinaremos o comportamento dos espectros de luminescência do titânio no vácuo a uma pressão superior a 10 7 torr e do titânio na presença de uma atmosfera controlada de oxigénio a uma pressão de 10 5 torr (titânio oxigenado).

Os espectros de luminescência que obtivemos são constituídos por uma série de linhas muito finas sobrepostas a um contínuo. É de notar que na região espetral explorada (190-650 nm) não foram observadas linhas de emissão atribuídas ao oxigénio. Todas as linhas espectrais registadas foram identificadas como sendo de átomos neutros de Ti I e iónicos de Ti II.

Na presença de oxigénio, as intensidades das linhas espectrais não evoluem da mesma forma. De facto, observamos que as intensidades das linhas de Ti I apresentaram um aumento e insensibilidade, enquanto as linhas de Ti II apresentaram uma diminuição.

Interpretaremos os nossos resultados no contexto do modelo de troca de electrões, que pressupõe a formação de uma camada de óxido muito próxima do óxido a granel. Este óxido é definido por uma afinidade eletrónica e um "band gap".

Antes de apresentar estes resultados, vamos rever algumas das propriedades físicas e químicas do titânio e do seu óxido.

I. Propriedades físicas e químicas do titânio

O titânio é um metal com uma estrutura cristalográfica hexagonal compacta (a = 0,285 nm; c = 0,468 nm; c/a = 1,633) e uma cor cinzenta. A sua massa atómica é de 47,88. A configuração eletrónica do titânio é dada por [Ar] $3d^2 4s^2$ com $^3F2$ como termo espetral do estado fundamental. O seu potencial de ionização é de 6,83 eV.

O titânio é considerado um metal com elevada resistência mecânica e boa ductilidade em condições normais de temperatura, sendo um dos metais mais biocompatíveis a par do ouro e da platina. Este metal tem muitas aplicações: é utilizado na composição de ligas usadas em cirurgia e no fabrico de bens de consumo quotidianos porque é duro, leve, resistente e não tóxico [67]. Não reage com a água com muitos ácidos, mas é mais sensível ao hidrogénio e ao oxigénio, que se absorvem na sua superfície.

Como muitos metais de transição, o titânio pode ser encontrado em vários estados de oxidação. Por conseguinte, tem vários óxidos que correspondem a diferentes graus de oxidação: monóxido de titânio (TiO), monóxido de dititânio (Ti_2O), monóxido de trititânio (Ti_3O), dióxido de titânio (TiO_2), trióxido de titânio (TiO_3) e trióxido de dititânio (Ti_2O_3).

O dióxido de titânio TiO2 é o pigmento branco mais utilizado e existe em quatro fases (Fig. 4-1): rutilo, anatase, brookite e ß-TiO_2. Dependendo da natureza da fase, as propriedades físico-químicas do dióxido de titânio diferem porque a sua estrutura cristalina muda. A energia do intervalo de banda da anatase é de 3,23 eV e a do rutilo é de 3,02 eV [68]. A posição da banda de valência permite a formação de buracos energéticos e a fácil oxidação de espécies adsorvidas. Buchalska et al [69] mostraram que as propriedades de absorção de UV só são efectivas com as formas anatase e rutilo, dada a sua capacidade de absorção para um comprimento de onda de cerca de 400 nm.

Parker e Kelly [70] mostraram que o bombardeamento de TiO_2 por iões de crípton com uma energia cinética de 30 keV leva à formação de uma nova camada de óxido com uma elevada condutividade eléctrica. A formação desta camada é reforçada pelo aumento da temperatura do alvo.

O TiO_2 tem uma vasta gama de aplicações. Em primeiro lugar, é utilizado em biomateriais, em particular para dispositivos de implantes biomédicos. Em segundo lugar, como agente antibacteriano. Atualmente, é utilizado como elemento importante no estudo dos hidretos metálicos por espetroscopia de impedância [71] e também como agente de limpeza e/ou desinfeção de certas superfícies devido às suas propriedades fotocatalíticas. Em 2014, o consumo mundial de dióxido de titânio atingiu 5,5 milhões de toneladas. Desde 1980, quando o consumo era de cerca de 2,1 milhões de toneladas, tanto a procura como a produção aumentaram de forma bastante linear.

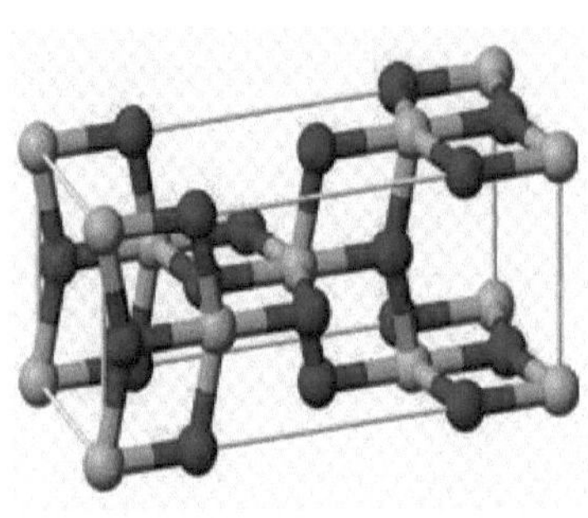

Structure cristallographique de l'anatase

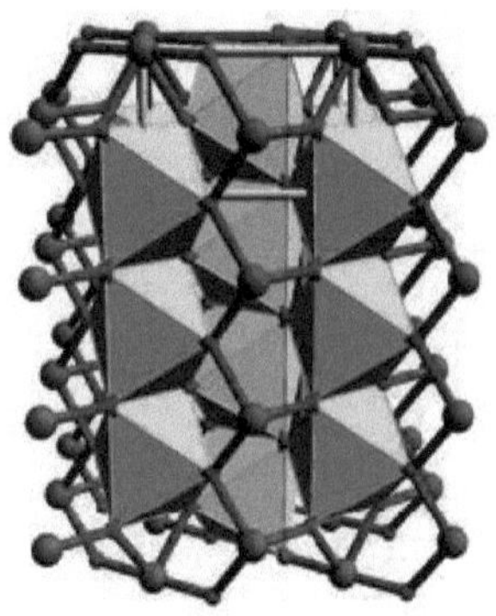

Structure cristallographique de brookite

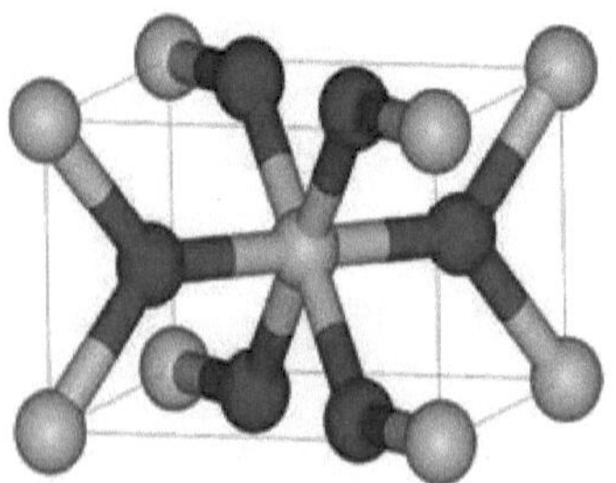

Structure cristallographique de rutile

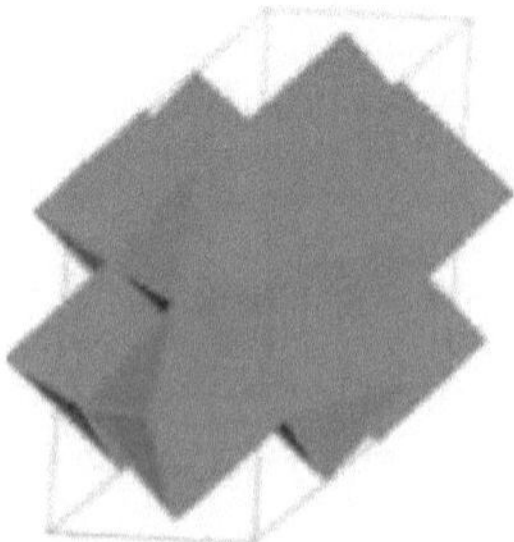

Structure cristallographique β-TiO_2

Figura 4-1: Fases do dióxido de titânio

II. Condições experimentais

Os resultados que vamos apresentar foram obtidos utilizando o aparelho SIPS descrito no segundo capítulo. Estes resultados dizem respeito aos espectros de emissão ótica de amostras de titânio e de titânio em presença de oxigénio. Cada espetro foi obtido após vários registos, muitas vezes com vários dias de intervalo, a fim de verificar a reprodutibilidade dos espectros registados.

As condições experimentais utilizadas são :

> A energia cinética do feixe de iões bombardeados é de 5 keV, o que dá uma velocidade de deslocação do crípton de cerca de 3,4 km/s.
> O alvo é bombardeado a um ângulo de 65 , o ângulo entre a direção do feixe incidente e a normal à superfície. Este valor corresponde ao sinal luminoso máximo associado às linhas espectrais observadas.
> + O feixe incidente de Kr tem uma intensidade entre 0,75 e 1,50 μA e uma secção transversal da ordem de $1mm^2$.
> A pressão residual no recinto que contém as amostras foi medida a alguns centímetros da amostra e era superior a 8,10 8 torr antes da pulverização. Após alguns minutos de bombardeamento, a pressão estabilizou-se, atingindo um valor de cerca de 10 7 torr.
> O bombardeamento na presença de oxigénio tem lugar a uma pressão de 10 5 torr deste gás.
No que respeita à deteção de emissões luminosas ;
> A gama espetral de sensibilidade de deteção estende-se de 190,00 a 650,00 nm.
> A resolução espetral mínima é fixada em 0,2 nm, de modo a obter pontos suficientes para construir uma linha espetral.
> O eixo ótico do monocromador é fixado perpendicularmente à direção do feixe iónico incidente.

III. Apresentação dos resultados

III.1. 1. Emissões ópticas de titânio limpo

A figura 4-2 mostra o espetro de luminescência observado quando o titânio limpo é bombardeado por iões de crípton com uma energia cinética de 5 keV. Este espetro é apresentado entre 280 e 420 nm porque fora desta região não se observaram novas linhas espectrais. Os valores de comprimento de onda indicados são os lidos diretamente nos monocromadores e as intensidades indicadas são normalizadas para a radiação mais intensa. Encontrámos cerca de vinte linhas discretas sobrepostas a um contínuo que se estende de 275 a 400 nm e se centra em 325 nm. Este contínuo será descrito e interpretado no último parágrafo.
A identificação das linhas observadas revelou que se tratava de emissões ópticas de átomos neutros de Ti I e de iões Ti II com carga simples. Não foi detectada qualquer emissão ótica de oxigénio ou crípton. A linha mais intensa (conhecida como linha principal) está localizada a 374,27 nm e corresponde à transição entre os estados excitados $3d^2 4p\ y^2 D_{5/2}$- $3d^3\ b^2 D^2_{5/2}$ e uma linha de Ti II. As mesmas observações foram efectuadas por Varene [27] que utilizou condições experimentais muito semelhantes às nossas.
A Tabela 4-1 mostra as caraterísticas das linhas detectadas cujas intensidades são superiores a 7% da intensidade da linha principal. As colunas deste quadro podem ser descritas da seguinte forma:
As colunas 1 e 2 dão os comprimentos de onda das linhas observadas λ_σ e os das linhas conhecidas da literatura X_L [50a,b].
A coluna 3 apresenta as intensidades relativas das diferentes linhas observadas em relação à linha mais intensa.
Nas duas últimas colunas, indicámos a identificação das linhas observadas e os coeficientes de Einstein correspondentes, respetivamente.
Este quadro apresenta as intensidades relativas de vinte e quatro linhas espectrais, treze das quais são linhas Ti I associadas a átomos neutros e onze linhas Ti II atribuídas a iões

simplesmente carregados. Destas vinte e quatro linhas, seis (duas Ti I e quatro Ti II) têm intensidades bastante elevadas, da ordem de 74, 56, 93, 63, 74 e 99% relativamente à linha principal. Estas linhas estão localizadas em 298,31 (Ti II), 334,43 (Ti I), 336,19 (Ti I), 362,58 (Ti II), 363,34 (Ti II) e 364,35 (Ti II) nm, respetivamente. Para além destas linhas, seis outras linhas têm intensidades mais baixas e estão a 317,64 (Ti II), 319,29 (Ti I), 333,15 (Ti I), 333,99 (Ti I), 337,66 (Ti I) e 372,27 (Ti II) nm; as intensidades relativas são 21, 22, 27, 28, 26 e 34%, respetivamente. Observámos também a presença de onze linhas espectrais com uma intensidade inferior a 20% em relação à da linha principal. Duas destas linhas, ($^3F_2$) com intensidades relativas de 08 e 11%, desexcitaram para o estado fundamental. Estas linhas são identificadas com átomos neutros de Ti I e estão a 306,52 e 376,44 nm, respetivamente.

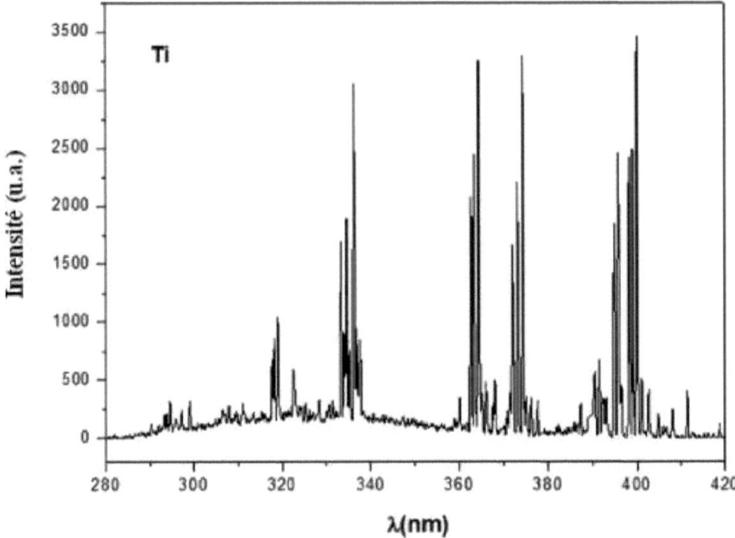

Figura 4-2: Espectro de luminescência do titânio limpo

Ti ([Ar] $3d24s^2$ - $^3F_2$)

λo (nm) Observado	$λ_L$ (nm) Literatura [50a,b]	Intensidades relativas	Transições [42a,b]	Coeficiente de Aki Einstien (10^8 s^{-1})[51]
294.70	294,61 Ti II	09	$3d^24d\ e^4G_{11/2}$- $3d^24p\ z^4F_{9/2}$	2.70
298.33	298,31 Ti II	74	$3d^24p\ z^4G_{7/2}$- $3d^24s^2\ a^3F_3$	0.07
297.52	297,46 Ti I	07	$3d^24s5p\ ^3F^\circ_4$- $3d^24s4p\ z^5G^\circ_4$	0.07
306.60	306,52 Ti I	08	$3d^24s5p\ ^3G^\circ_3$- $3d^34s$ hT9	0.21
310.91	310,83 Ti I	09	$3d^24p^2\ ^5F_1$- $3d^24s4p\ z^5G^\circ\ 2$	0.92
317.70	317,64 Ti II	21	$3d^25s\ e^4F_{9/2}$- $3d^24pz$ 4F 2	0.52
319.40	319,29 Ti I	22	$3d^34p\ w^3G_4$- $3d^24s^2\ a^3F_3$	0.85
324.49	324,47 Ti I	08	$3d^24s4p\ v^3D$ 3- $3d^24s^2\ a^3F_4$	0.15
333.26	333,15 Ti I	27	$3d^24s6s\ h^5F_3$- $3d^24s4p\ z^5G^\circ_2$	0.40
334.00	333,99 Ti I	28	.1 <2-0 .<2. <2_. $3d^35p\ ^3G$ 4- $3d^34s\ a^3G_4$	0.05
334.60	334,43 Ti I	56	$3d^24s6s\ h^5F_4$- $3d^24s4p\ z^5G^\circ_4$	1.68
335.33	335,15 Ti I	49	◦$3d^24s6s\ h^5F_2$- $3d^24s4p\ z^5G_3$	0.05
336.30	336,19 Ti I	93	2 j2 < л ° 3 л"-* 2 i2 < 2 3p 3d 4s4p x G 3- 3d 4s a F3	0.10
337.81	337,66 Ti I	26	◦$3d^34p\ ^3G_4$- $3d^34s\ b^3F_3$	0.13
362.60	362,58 Ti II	63	$3d^24p\ z^2S_{j/2}$- $3da^3\ a^2P_{1/2}$	0.29
363.50	363,34 Ti II	74	$3d^24d\ ^4P_{3/2}$- $3d^24p\ z^4S^\circ_{3/2}$	0.30
364.40	364,35 Ti II	99	$3d^24d\ _{2G7/2}$- $3d4s4p\ ^4D^\circ_{5/2}$	0.49
370.80	370,72 Ti II	07	$3d^24p\ y^2D^\circ_{3/2}$- $3d^3\ b^2D^2_{3/2}$	0.28
372.39	372,27 Ti II	34	2 j2 j 2T7° 2 i2 л 2T-' 3d 4p z F 7/2- 3d 4s a F5/2	0.03
374.30	374,27 Ti II	95	$3d^24p\ y^2D_{5/2}$- $3d^3\ b^2D^2_{5/2}$	0.68
374.96	374,92 Ti I	10	$3d^34d\ ^5G_6$- $3d^24s4p\ z^5F^\circ_5$	0.23
376.50	376,44 Ti I	11	$3d^34p\ y^5G$ 3- $3d^24s^2\ a^3F_2$	0.21
377.71	377,54 Ti II	09	$3d^24p\ z^4F_{7/2}$- $3d^24s\ a^2F_{5/2}$	0.37
402.70	402,62 Ti II	100	$3d^24p\ z^4G_{7/2}$- $3d^24s\ a^2F_{7/2}$	0.03

Tabela 4-1: Linhas espectrais do titânio e sua identificação

III.2. 2. Emissões ópticas do titânio na presença de oxigénio

Para melhor compreender a influência do oxigénio na depopulação dos estados electrónicos excitados e, consequentemente, na variação do sinal luminoso, bombardeámos titânio numa atmosfera de oxigénio a uma pressão de 10 5 torr. A gama espetral analisada estende-se de 280 a 420 nm, região em que se encontra a maioria das linhas espectrais. A figura 4-3 mostra o espetro obtido quando se bombardeia titânio nas mesmas condições experimentais utilizadas para o titânio limpo, mas à pressão acima referida.

Na presença oxigénio, medimos o mesmo espetro que na ausência deste gás, ou seja, o mesmo número de linhas Ti I e Ti II. No entanto, as intensidades das linhas espectrais não se alteram da mesma forma na presença oxigénio. De facto, uma simples comparação dos dois espectros de titânio e titânio na presença oxigénio revelou não só um aumento mas também uma invariância nas intensidades das linhas espectrais de Ti I. A intensidade de quatro linhas Ti I localizadas a 297,46, 310,83, 333,15 e 334,43 nm não foi afetada.

As intensidades das outras nove linhas de Ti I aumentaram por um fator R de cerca de 7 (Tabela 4-2). Quanto às linhas Ti II, as suas intensidades diminuíram cerca de 7%.

°O efeito do oxigénio parece deslocar o comprimento de onda da linha mais intensa, que é agora uma linha Ti I localizada no comprimento de onda 335,15 nm e está associada à transição $3d^24s6s\ h^5F_2$- $3d^24s4p\ z^5G$ 3. No caso do titânio limpo, a principal linha observada é uma linha Ti II (402,62 nm) intensidade diminuiu 50%. O oxigénio tem também uma influência considerável nas intensidades das linhas espectrais do titânio. Como veremos no próximo parágrafo, esta influência pode ser explicada adequadamente no âmbito do modelo de electrões para as linhas Ti I.

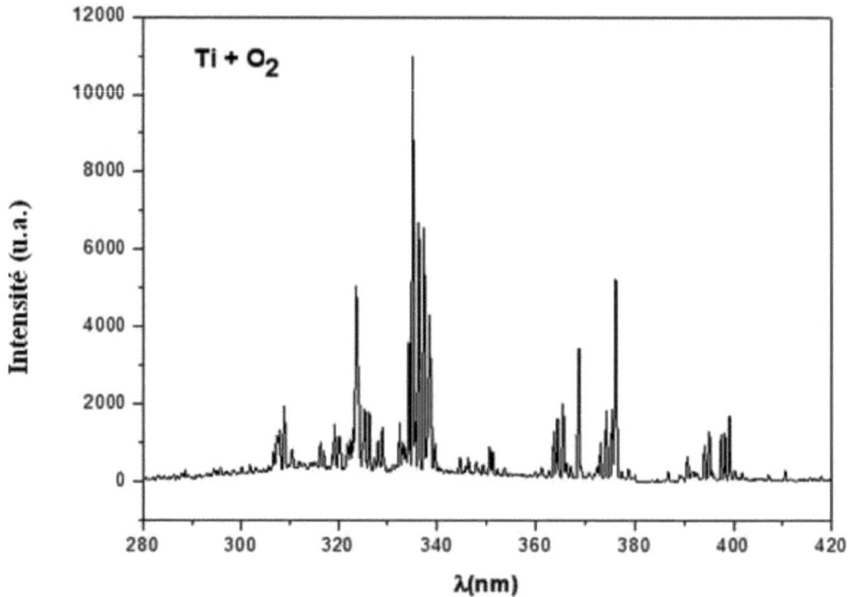

Figura 4-3: Espectro de luminescência do titânio na presença de oxigénio

λ (nm)	Intensidade (a.u.)		Termos espectrais	$R = \frac{I_{Ti+O_2}}{I_{Ti}}$	D	Níveis de energia (eV) [50 a,b]			
	Ti (P<10 7 torr)	Ti + O2 (P 10 5 torr)				Superior	Inferior	Ev	
297,46 Ti I	245	250	$^{3}F^{\circ}4$- $^{5}G^{\circ}$ 4	1.02	0	6.04	1.88	-0.79	**a**
306,52 Ti I	250	625	$^{3}G^{\circ}3$- $^{3}F2$	2,50	+	5.47	0.00	-1.36	b
310,83 Ti I	300	325	5F1- $^{5}G^{\circ}$ 2	1,08	0	5.95	1.97	-0.88	**c**
319,29 Ti I	720	1410	$^{3}G^{\circ}4$- $^{3}F3$	1,95	+	3.90	0.02	-2.93	d
324,47 Ti I	270	1450	$^{3}D^{\circ}3$- $^{3}F4$	5,37	+	3.87	0.04	-2.96	e
333,15 Ti I	880	910	5F3- $^{5}G^{\circ}$ 2	1,03	0	5.69	1.97	-1.14	**f**
333,99 Ti I	910	1370	$^{3}G^{\circ}4$- $^{3}G4$	1,50	+	5.59	1.88	-1.24	g
334,43 Ti I	1855	1865	$^{5}F4$- $^{5}G^{\circ}4$	1,00	0	5.70	1.99	-1.13	**h**
335,15 Ti I	1625	10990	5F2- $^{5}G^{\circ}3$	6,76	+	5.58	1.98	-1.25	i
336,19 Ti I	3055	6375	$^{3}G^{\circ}3$- $^{3}F3$	2,08	+	3.70	0.02	-3.13	J
337,66 Ti I	845	2120	$^{3}G^{\circ}4$- $^{3}F3$	2,50	+	5.11	2.3	-1.72	k
374,92 Ti I	320	1180	5G6- $^{5}F^{\circ}5$	3,68	+	5.44	2.13	-1.39	l
376,44 Ti I	1351	5202	$^{5}G^{\circ}3$- $^{3}F2$	3.85	+	3.29	0.00	-3.54	m

Quadro 4-2: Emissões observadas das linhas Ti I durante o bombardeamento de uma amostra de titânio limpo e de titânio na presença de oxigénio.

titânio limpo e titânio na presença de oxigénio

λ (nm)	Intensidade (a.u.)		Termos espectrais	$R = \frac{I_{Ti+O_2}}{I_{Ti}}$	D	Níveis de energia (eV) [50a,b]		
	Ti (PH)' torr)	Ti + O2 (P 10 5 torr)				superior (eV)	inferior (eV)	Ev (eV)

294,61 Ti II	310	285	- 4G11/2 $^4F_{9/2}$	0,91	-	8.08	3.88	-5.55
298,31 Ti II	2420	1215	^{4}G°7/2- 2F5/2	0,50	-	3.68	0.57	-9.90
317,64 Ti II	680	325	4F9/2- $^4F^2_{7/2}$	0,47	-	7.76	3.86	-5.82
362,58 Ti II	2070	285	- 2S1/2 2P1/2	0,13	-	4.64	1.22	-8.94
363,34 Ti II	2445	190	4P3/2- 4S°3/2	0,07	-	8.37	4.96	-5.21
364,35 Ti II	3255	1640	- D 2G7/2 4 5/2	0,50	-	9.93	6.52	-3.65
370,72 Ti II	235	145	D D 2 3/2- 2 23/2	0,61	-	4.91	1.56	-8.67
372,27 Ti II	1120	335	^2F 7/2- 2F5/2	0,29	-	3.90	0.57	-9.68
374,27 Ti II	3290	1820	2D5/2- 2D25/2	0,55	-	4.89	1.58	-8.69
377,54 Ti II	310	260	4F7/2- 2F5/2	0,83	-	3.85	0.57	-9.73
402,62 Ti II	3457	1697	4G7/2- 2F7/2	0,79	-	3.70	0.61	-9.88

Tabela 4-3: Emissão observada de linhas Ti II durante o bombardeamento de uma amostra titânio limpo e titânio na presença de oxigénio

D: Dependência: (+): aumento; (-): diminuição e (0): insensível

IV. Discussão e interpretação dos resultados

$^+$Os quadros 4-2 e 4-3 apresentam as caraterísticas de todas as emissões observadas quando o titânio limpo e o titânio oxigenado são bombardeados por feixe de iões Kr de 5keV. As colunas de cada um destes quadros podem ser descritas do seguinte modo

A coluna 1 mostra as posições dos comprimentos de onda das linhas espectrais.

A coluna 2 apresenta as intensidades absolutas das diferentes linhas observadas para o titânio limpo e o titânio oxigenado.

A coluna 3 representa os termos espectrais e a dependência das linhas espectrais: (+) significa aumento da intensidade, (-): diminuição da intensidade e (0): insensibilidade.

Na quarta coluna, indicámos a relação de intensidade R entre o titânio oxigenado e o titânio limpo.

A última coluna de ambas as tabelas indica as posições energéticas (em eV) dos estados electrónicos superior e inferior envolvidos na transição em consideração. $^{+++}$O valor dado para o estado superior fornece a energia interna dos átomos excitados em relação ao nível de vácuo, ou seja, $E_V= E^*-I^{n+}$, em que E* é a energia do estado emissor e I^{n+} é o potencial de ionização simples I (Ti) = 6,83 eV e o potencial de ionização dupla I (Ti) = 13,58 eV [50a,b].

|^Para explicar o aumento das intensidades das linhas Ti I dos átomos neutros no âmbito do modelo de troca de electrões, é essencial que os estados emissores destas linhas se situem em frente tanto da banda da função trabalho do metal (0 <|E_V V) como do gap do óxido (A_f <|EV|<Af + Eg). O eletrão excitado pode então transitar para o metal e não para o óxido, que é caracterizado por uma lacuna. Na presença da lacuna, os estados excitados das partículas lentas são despovoados pela emissão de fotões e o sinal luminoso é amplificado. Estes estados são indicados na tabela e no diagrama pelas letras (b, d, e, g, i, j, k, l, m).

A Figura 4-4 mostra a aplicação do modelo que utilizámos anteriormente [47,12]. Assume-se que a presença de oxigénio modifica a estrutura de bandas de energia do alvo inicial após a quimisorção deste gás. O metal é caracterizado pela função trabalho (Ti) = 4,3 eV [72] e o óxido TiO_2 pela afinidade eletrónica A_f que é de 1,59 eV [73] e pela largura do gap Eg que é igual a 2,5 eV [74]. Os estados emissores das linhas Ti I dos átomos neutros são identificados pelos valores de E_V. Este modelo sugere a formação um novo óxido de titânio caracterizado por um "band gap". Estimamos uma largura de 2,40 eV para esta banda. Este valor é definido pela diferença entre os dois estados energéticos designados por m ($|E_v|$ = 3,54 eV) e **f** (|EJ = 1,14 eV). Este valor está de acordo com o valor determinado por Mobray et al [74]. A afinidade eletrónica pode estimada a partir das linhas intensidade permanece insensível. Os estados associados, que designámos pelas letras **a**, **c**, **f** e **h,** situam-se em frente da parte vazia da banda de condução do metal e da banda de condução do óxido. Neste caso, o estado excitado pode trocar o seu eletrão tanto com o metal como com óxido. |Com estas considerações em mente, sugerimos um valor de 1,14 eV; este valor corresponde à mais alta das energias EJ associadas ao estado emissor **f**.

Adoptando este diagrama (Fig.4-4), que pressupõe a formação de uma película de óxido, o comportamento de todas as linhas Ti I pode ser adequadamente explicado quando passamos do metal limpo para o metal oxigenado.

$^{+++}$No entanto, as onze linhas de Ti II associadas a iões com carga simples e que apresentam uma dependência negativa do oxigénio não seguem o comportamento esperado da aplicação do modelo porque, segundo este modelo, os estados excitados destas linhas podem captar um eletrão do banho de Fermi do metal e não do óxido, segundo a *reacçãoTi + e" Ti **. Para tal, estes estados emissores devem estar situados em frente ao fosso, mas também em frente aos estados ocupados da banda de condução, de modo a serem preenchidos pelo metal e não pelo óxido. É portanto provável que outros mecanismos estejam envolvidos na formação dos iões. $^{+}$Um exemplo é o modelo químico utilizado para a emissão de iões secundários a partir de óxidos ou metais bombardeados na presença de oxigénio ou de iões O_2. De acordo com este modelo químico, a partícula é expulsa de uma posição onde existe naturalmente como ião no seu estado fundamental e sem que os electrões a neutralizem à saída [75].

Como registámos uma diminuição das intensidades das linhas de Ti II numa atmosfera de oxigénio, podemos assumir que estes iões são formados no seu estado fundamental.

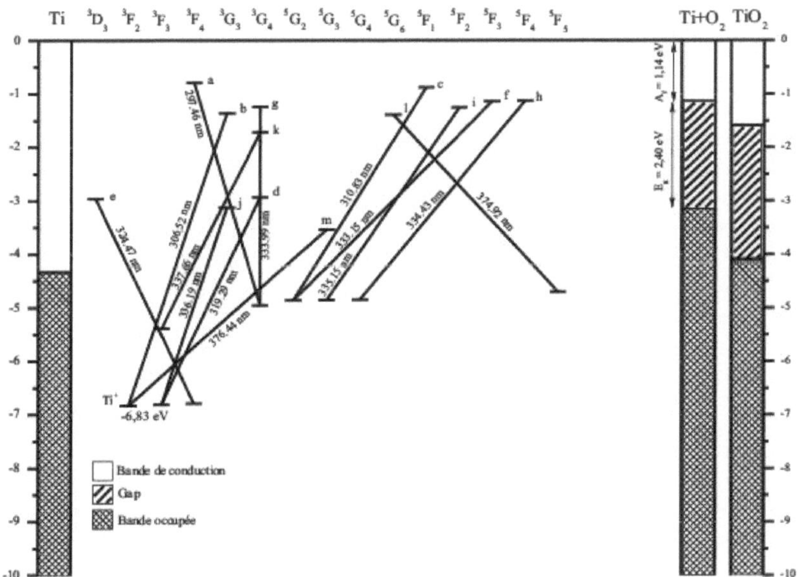

Figura 4.4: Diagrama dos níveis de energia do metal Ti, do óxido TiO_2, Ti+O2 e os estados de emissão das linhas Ti I.

III.2 Radiação contínua

Para além das linhas espectrais, o bombardeamento iónico de certos alvos dá origem a radiação contínua. Existem dois tipos de contínuo: o primeiro tipo é o contínuo emitido pelo próprio sólido (ionoluminescência). Este tipo depende tanto da natureza e composição do alvo bombardeado como da energia e do ângulo de incidência do projétil. +Sharodi et al [44] observaram um contínuo durante o bombardeamento de um alvo de berílio por iões He a 15 keV e interpretaram a sua origem como o resultado da recombinação eletrão-buraco. O segundo tipo é o contínuo emitido por partículas fora do alvo. As fontes propostas para este tipo de contínuo são moléculas de óxido excitadas por $MO^{(*)}$), espécies metálicas poliatómicas, radiação de travagem (Bremsstrahlung) e espécies moleculares implantadas ou adsorvidas (O_2, H_2, Al H, etc.).

+ No nosso trabalho, o espetro de luminescência observado durante o bombardeamento de amostras de titânio, tanto na ausência como na presença de oxigénio, por iões Kr com uma energia cinética de 5 keV, compreende essencialmente um fundo contínuo sobre o qual se sobrepõe uma multiplicidade de linhas espectrais. O contínuo que observámos estende-se de 275,00 a 400,00 nm e está centrado em 325,00 nm. Este contínuo foi exaltado quando o titânio foi bombardeado numa atmosfera de oxigénio e a sua intensidade duplicou (Fig.4-4). Estes resultados complementam trabalhos anteriores [76] que mostram que a fonte mais provável de contínuo está relacionada com as partículas pulverizadas e, por conseguinte, a radiação ocorre fora do alvo e não no sólido. ++ + Estes resultados estão de acordo com os de Kiyan et al [64] que observaram um contínuo quando bombardearam titânio com iões He , Ne e Ar com uma energia de 30 keV. Ait El Fqih et al [17] observaram radiação contínua entre 250 e 500 nm ao bombardear um alvo de vanádio nas mesmas condições experimentais. Os autores supuseram que esta radiação provinha das excitações colectivas dos electrões na subcamada d dos átomos do metal pulverizado. +Esta observação foi detalhada e confirmada por El Boujlaidi et al [14] que estudaram os espectros de luminescência de alguns metais de transição e seus óxidos quando bombardeados por Kr a 5 keV. Mostraram que a gama espetral e a intensidade dos contínuos observados parecem estar relacionadas com a estrutura eletrónica do elemento, mais precisamente com o número de electrões na subcamada d. O contínuo é muito mais pronunciado para o vanádio (3er sobre 3d) do que para o titânio (2e~ sobre 3d), enquanto que está totalmente ausente no caso do crómio (5e sobre 3d), do ferro (6e sobre 3d), do níquel *(7er* sobre 3d) e do cobre (10e sobre 3d), bem como para os metais leves (Mg e Al).

São necessárias mais experiências para elucidar o(s) mecanismo(s) responsável(eis) pela emissão de radiação contínua.

O quadro seguinte resume as observações efectuadas no nosso laboratório.

Objectivos estudados	Configuração eletrónica	Radiação contínua
Mg	[Ne] $3s^2$	Não
Al	[Ne] 3s23p1	Não
Se	[Ne] 3s23p2	Não
Ti	[Ar] 3d24s2	**Sim**
V	[Ar] $3d^3$4s2	**Sim**
Cr	[Ar] 3d54s1	Não
Fe	[Ar] 3d64s2	Não
Ni	[Ar] 3d84s2	Não
Cu	[Ar] 3d104s1	Não
Visitar	[Xe] 4fl^{4}5d^{10}6s1	Não

Tabela 4-4: Radiação contínua dos vários alvos estudados

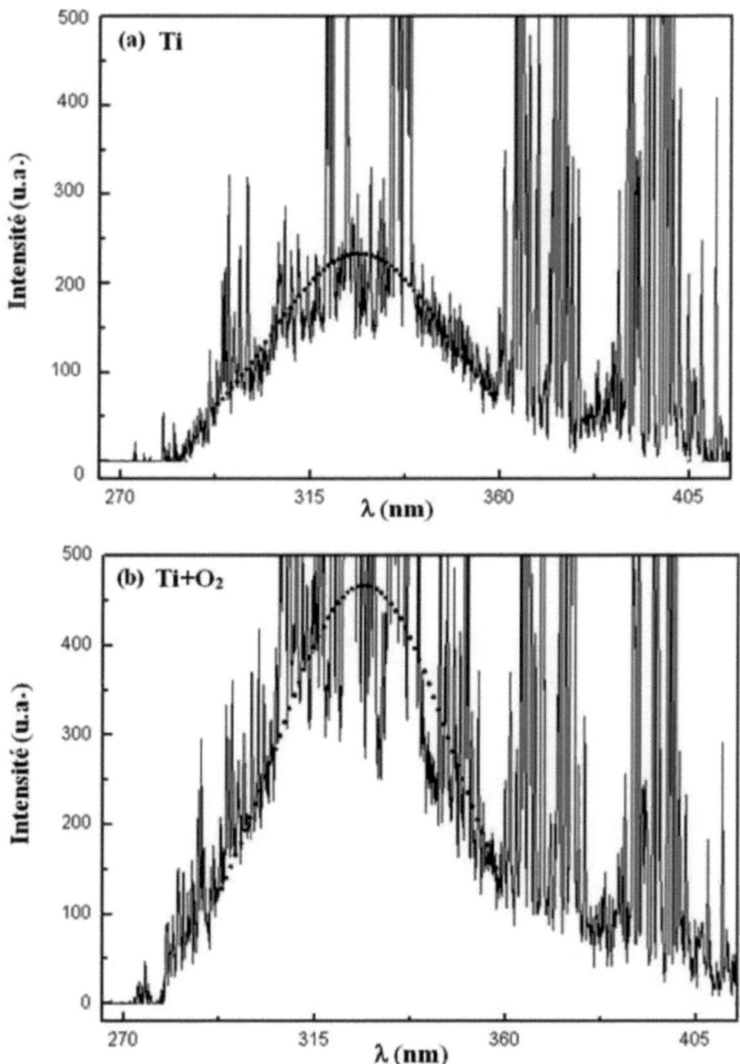

Figura 4-4: Espectros de emissão mostrando a zona do contínuo de amostras de: a) titânio limpo, b) titânio na presença de oxigénio.

Conclusão

$^{+\circ}$a emissão ótica durante o bombardeamento de amostras limpas de titânio e de titânio na presença de oxigénio por iões Kr de 5 keV com um ângulo de incidência de 65 . Esta radiação ótica aparece sob a forma de linhas discretas sobrepostas a um contínuo. As linhas são identificadas como Ti I associadas a átomos neutros e Ti II de iões simplesmente carregados. Os nossos resultados mostram que a presença de oxigénio durante o bombardeamento do alvo em estudo faz com que as intensidades da maioria das linhas de Ti I aumentem, enquanto outras linhas permanecem insensíveis à presença deste gás. No entanto, a intensidade das linhas de iões Ti II diminuiu.

O modelo de troca de electrões explica todo o comportamento das linhas de Ti I e há uma forte presunção de que, na presença de oxigénio, se forma uma estrutura à superfície com um padrão de bandas de energia intermédio entre o do metal e o do óxido correspondente. Para as linhas de Ti II, estão envolvidos outros mecanismos, como a emissão química que leva à formação de iões no estado fundamental.

A radiação contínua que observámos é uma emissão ótica de uma partícula pulverizada. É devida a excitações colectivas dos electrões na subcamada d dos átomos pulverizados do alvo. A tendência de um alvo metálico para emitir radiação contínua durante o bombardeamento com feixe de iões pode ser estreitamente correlacionada com o número de electrões na subcamada d. É de notar que esta radiação contínua só é observada no caso dos metais de transição para os quais a subcamada d está menos de metade preenchida.

No entanto, a origem deste fundo contínuo continua a ser controversa. Uma parte deve obviamente ser atribuída a emissões moleculares de compostos de oxigénio diatómicos ou mesmo poliatómicos do alvo bombardeado.

Conclusão geral

+O trabalho apresentado nesta tese diz respeito à luminescência de níquel, crómio, titânio e produtos de pulverização de óxidos NiO e Cr2O3 sujeitos a bombardeamento um feixe de iões Kr de 5 keV. As experiências foram realizadas com o espetrómetro SIPS instalado no nosso laboratório SIAM e descrito em pormenor no Capítulo 2. Os alvos foram gravados sob uma pressão de gás residual superior a 10 7' torr e na presença de oxigénio a uma pressão de 10 5 torr.

Os espectros de luminescência medidos estendem-se entre 190 e 650 nm com uma resolução de 0,2 nm, mas apenas numa pequena região espetral que parece ter interesse. A radiação ótica observada no caso do níquel e do crómio apresenta-se sob a forma de linhas discretas atribuídas à desexcitação dos átomos neutros Ni I e Cr I. Na região espetral explorada, não foram observadas linhas associadas à desexcitação dos iões, nem foi detectada qualquer radiação contínua. Quanto ao alvo de titânio, o espetro de luminescência obtido contém linhas discretas de Ti I e Ti II que se sobrepõem a um contínuo. O contínuo estende-se de 275 a 400 nm e está centrado em 325 nm. Para os três alvos estudados, não encontrámos qualquer emissão ótica associada ao gás crípton utilizado para o bombardeamento.

Na presença de oxigénio, as intensidades das linhas espectrais mudam em maior ou menor grau, dependendo da transição envolvida. Esta alteração consiste num aumento, numa diminuição ou numa invariância da intensidade. Explicámos adequadamente este comportamento no contexto do modelo de troca de electrões, que pressupõe a formação de uma camada de óxido após a quimisorção de oxigénio na superfície do alvo. A formação desta camada está em forte competição com o efeito erosivo do feixe de bombardeamento e, como resultado, a transformação em óxido não é completa. Considerámos que o comportamento das emissões ópticas com este gás é regido por uma situação em que se forma um novo sistema com uma composição e estrutura de bandas intermédias entre as do metal e as do óxido nativo. Este sistema é uma espécie de "liga" metal-oxigénio cuja estrequiometria é diferente da do óxido, mas caracterizada por um "gap" de energia. A presença do "gap" bloqueia os processos de desexcitação não radiativa e permite, assim, que os estados excitados das partículas sejam despovoados por emissão de fotões. No caso dos metais oxigenados, este mecanismo conduz a um aumento do sinal luminoso das linhas associadas aos átomos neutros. Para além deste mecanismo, a dissociação radiativa de moléculas pulverizadas pode dar origem a átomos excitados que são desactivados longe da superfície por emissão de fotões.

A presença de oxigénio provoca igualmente uma diminuição da intensidade das linhas devido à desexcitação dos iões (linhas iónicas). O modelo recomendado não explica esta diminuição e é muito provável que outros mecanismos estejam envolvidos na desexcitação dos iões. Sugerimos o mecanismo da emissão química, que leva à formação de iões no estado fundamental e, portanto, a iões que não irradiam.

No caso um alvo limpo (bombardeamento efectuado a uma pressão de base superior a 10 7' torr), a luz observada provém principalmente de partículas rápidas (-107 cm/s) que deixam a superfície diretamente em estados electrónicos excitados. Estas partículas desactivam-se longe da superfície, a distâncias em que os seus níveis de excitação não são perturbados pela presença do sólido. A luz pode também provir de partículas lentas ejectadas num determinado estado de excitação ou de carga. No entanto, a contribuição destas partículas é largamente regida pela eficácia dos processos de troca de electrões (neutralização ou ionização por ressonância e desexcitação ou neutralização Auger) com a banda de condução do metal.

A radiação contínua (continuum) foi observada nas nossas condições experimentais no caso de um alvo de titânio e não de níquel ou crómio. Esta radiação parece ter uma origem mais complexa do que a descrita na literatura. De facto, esta radiação não provém de espécies moleculares pulverizadas, tais como moléculas MO (em que M é um átomo de metal), uma vez que, na presença de oxigénio, esta emissão está completamente ausente num grande número de alvos metálicos. Sugerimos que esta radiação está ligada à desexcitação colectiva de electrões na subcamada 3d. Estes resultados e outros do nosso laboratório mostram que a emissão contínua existe quando o número de electrões na subcamada 3d é inferior a 5 (3d preenchido a menos de metade) e que se deve à desexcitação colectiva destes electrões.

Com este trabalho, pensamos ter contribuído para o estudo da luz emitida durante a pulverização catódica de níquel, crómio e titânio após bombardeamento iónico. Este trabalho, necessariamente incompleto, deve ser seguido de outros estudos, tais como a pós-excitação das partículas pulverizadas por um laser ou por um feixe de electrões de energia adequada. Este tipo de estudo poderia elucidar os mecanismos responsáveis pela alteração do rendimento dos fotões emitidos durante a pulverização catódica de um sólido induzida por um feixe de iões.

Referências

[1] C. K. Singh, S. Ilango, S. Dash, AK Tyagi, "Perfil de profundidade baseado em espetrometria de massa de iões secundários de interfaces Mo / Si com diferentes estruturas microcristalinas", Mater. Chem. and Phys. 173 (2016) 475-481.

[2] H. Oechsner, "Secondary neutral mass spectrometry (SNMS)- recent methodical progress and applications to fundamental studies in particle/surface interaction", International Journal of Mass Spectrometry and Ion Processes, 143 (1995) 271-282.

[3] A. O. Juma, P. Pistor, S. Fengler, T. Dittrich, E. Wendler, "Copper diffusion in thin In_2S_3 layers investigated by rutherford backscattering spectroscopy (RBS)", Thin Solid Films, 520 (2012) 6740-6743.

[4] C. T. Campbell, T. E. James, "Intensidades de espetroscopia de dispersão de iões para nanopartículas suportadas: O modelo de tampa hemisférica", Surface Science, 641 (2015) 166-169.

[5] N. Vaidyanathan, M. Houalla, D. M. Hercules, "Surface Coverage of Catalysts WO_3/ZrO_2 Measured by Ion Scattering Spectroscopy and Low Temperature Adsorption", Surf. Interface Anal. 26 (1998) 415-419 .

[6] N. Sharifzadeh, O. Kakuee, S. Mohammadi, "Measurements of proton induced γ-ray emission cross-sections on Mg from 1.0 to 3.0 MeV", Nucl. Inst. Meth. B 372 (2016) 109113.

[7] M. Suchanska, "Ion-induced photon emission of metal", Progress in Surface. Science, 54 (1997) 165-209.

[8] A. Kaddouri, I. Ashraf, M. Ait El Fqih, H. Targaoui, A. El Boujlaidi, K. Berrada, "Photon emission from clean and oxygenated Si and SiO_2 surfaces bombarded by 5 keV krypton ions", Appl. Surf. Sci. 256 (2009) 116-119.

[9] P.G. Fournier, J. Fournier, B. Bellaoui, "Optical emissions from sputtering species formed by the fast ion bombardment of clean and oxygenated Mg surfaces", Nuc. Instr. Meth. B 67 (1992) 604-609.

[10] C.S. Lee, Z.M. Lin, Z.M. Yen, C.H. Lin, "Light emission from oxygen covered Al and Cu surfaces", Nucl. Inst. Meth. B 190 (2002) 141-145.

[11] K. Hammoum, T. El Asri, A. Chahboune, H. Aouchiche e A. Kaddouri, "Optical emission of products sputtered from Fe, Fe_2O_3 and Fe_3O4 powders", Eur. Phys. J. D, 61 (2011) 469-474.

[12] A. El Boujlaidi, K. Hammoum, L. + Jadoual, R. Jourdani, M. Ait El Fqih, H. Aouchiche, A. Kaddouri, "Photon emission produced by Kr ions bombardment of Cr and Cr_2O_3 targets", Nucl. Instrum. Meth. B 343 (2015) 158-162.

[13] T. El Asri, M. Raissi, S.Vizzini, A. El Maachi, E. L. Ameziane, F. Arnaud d'Avitaya, J. L. Lazzari, C. Coudreau, H. Oughaddou, B. Aufray, A. Kaddouri, "Inter-diffusion of cobalt and silicon through an ultra thin aluminum oxide layer", Appl. Surf. Sci. 256 (2010) 27312734.

[14] A. El Boujlaidi, M. Ait El Fqih, K. Hammoum, H. Aouchiche, A. Kaddouri, "Continuum radiation emitted from transition metals under ion bombardment", Eur. Phys. J. D 66 (2012) 1-6.

[15] G. Louarn, K. Berrada, N. Errien, M. Ait El Fqih, G. Froyer, A. Kaddouri, "Vibrational and optical emission spectoscopies of porous and oxydized porous silicon", Phys. Chem. News, 21 (2005) 6-11.

[16] M. Ait El Fqih, L. Jadoual, A. El Boujlaidi, R. Jourdani e A. +Kaddouri, "Estudo

comparativo da distribuição angular de átomos de Cu e Be pulverizados a partir de um alvo de liga CuBe sob bombardeamento Kr", J. of Active and Passive Electronic Devices, 10 (2016) 273-281.
[17]M. Ait El Fqih, A. El Boujlaidi, R. Jourdani, A. Kaddouri, "On the validity of the electron transfer model in photon emission from ion bombarded vanadium surfaces", Eur. Phys. J. D 63 (2011) 97-102.
[18]P. Sigmund, "Theory of sputtering. Sputtering yield of amorphous and polycrystalline targets", Phys. Rev. 184 (1969) 383-416.
[19]A. Benninghoven, R.J. Colton, D. S. Simons, H.W. Werner, "Secondary ion mass spectroscopy SIMS V", Springer Series in chemical Physics, 44 (Springer, Berlin-Heidelberg-New York- Tokyo, 1986).
[20]J. F. Ziegler, "SRIM-2003", Nucl. Inst. Meth. B 219 (2004) 1027-1036.
[21]Christophe Verdeil. $^{+}$"Etude de la pulvérisation et de l'émission de la matière sous bombardement Cs ", tese, Institut National Polytechnique de Lorraine (2008).
[22]P. Sigmund, "Fundamental processes in sputtering of atoms and molecules (SPUT92)", Simpósio por ocasião do 250º aniversário da Academia Real Dinamarquesa de Ciências e Letras Copenhaga (1992) 7-659.
[23]G. Carter, J. S. Colligon, "Ion bombardment of solids", Heinemarm Educational Books Ltd, Londres, 12 (1968) 120-446.
[24]M. Nastasi, J.W Mayer, J.K Hirvonen, "Ion-solid interaction", Fund. and Appl., Cap. 9, Cambridge Solid State Science (1996).
[25]A. + Karen, Y. Nakagawa, M. Hatada, K. Okuno, F. Soeda, A. Ishitani, "Investigação quantitativa da topografia induzida por O_2 de GaAs e outros semicondutores III-V: Um estudo STM da formação de ondulações e supressão da alteração do rendimento do ião secundário por rotação da amostra" , Surf. Inter. Anal, 23 (1995) 506-513.
[26]H. Oechsner, "Sputtering - a review of some recent experimental and theoretical aspects", Appl. Phys. 8 (1975) 185-198.
[27]A. E. Morgan, H. A. M. Grefte, N. Warmoltz, H. W. Werner e H. J. Tolle, "The influence of bombardment conditions upon the sputtering and secondary ion yields of silicon", Appl. Surf. Sci. 7 (1981) 372-392.
[28]G. Betz, W. Husinsky, "Sputtering of metal targets under increased oxygen partial pressure", Nucl. Inst. Meth. B 13 (1986) 343-347.
[29]E. W. Thomas, "Formation of excited states by ion impact on surfaces", Progress in Surface Science, 10 (1980) 383-489.
[30]S. Kunitomo, M. Ono, C. F. Li, R. Shimizu, "Energy distributions of atoms sputtered from Cu- Pt Alloy measured by nonresonant multiphoton ionization sputtered neutrals mass spectrometry", Jpn. Jpn. Appl Phys, 32 (1993) 3991-3994.
[31]P. Sigmund, "Interaction of Particles and Radiation with Matter", Nucl. Inst. Meth. B 155 (1999) 337-338.
[32]H. L. Bay, W. Berres, "Anisotropy of collision cascades by light-ion irradiation of zirconium" Nucl. Instrum. Meth. B 2 (1984) 606-609.
[33]Ait El Fqih, A. el Boujlaidi, A. Kaddouri, "Distribuições angulares de berílio pulverizado em incidência normal", Insta. J. Phys. 2 (2012) 89-94.
[34]V.I. Shulga, "Angular distribution of atoms sputtered from amorphous and polycrystalline targets", Nucl. Inst. Meth. B 164 (2000) 733-747.
[35]H. + Snoek, W. F. van der Weg, R. Geballe, P. K. Rol, "Inelastic energy losses in

collisions of 40-90 keV Ar ions with solid and gaseous Cu targets", Physica, 35 (1967) 1-18.
[36]W. F. van der Weg e D. J. Bierma, "Excitation of Cu atoms by Ar ions and subsequent radiation less deexcitation of scattered particles near a Cu surface", Physica, 44 (1969) 206218.
[37]P. J. Martin, A. R. Bably, R. J. MacDonald, N. H. Tolk, G. J. Clark, J. C. Kelly "Deexcitation processes near the surface ion bombarded SiO, and Si", Surface. Science, 60 (1976) 349-364.
[38]C. W. White e N. H. Tolk, "Optical Radiation from Low-Energy Ion-Surface Collisions", Phys. Rev. Letters, 26 (1971) 486-489.
[39]Terzic e Perovic, "Spectral analysis of light emitted from metallic targets bombarded by high energy ions", Surface Science, 21 (1970) 86-98.
[40]A. Kaddouri, "Spectroscopie d'émission des produits de pulvérisation de solides soumis à un bombardment ionique", tese, Université Paris- Sud, N d'ordre 3529 (1989).
[41]Chin Shuang Lee, Tzi Ming Yen, Jing Hui Lin, "Light emission from an oxygen covered copper surface by ion bombardment", Surface Science, 488 (2001) 379-386.
[42]Ait El Fqih, A. Fake, K. Berrada, A. Kaddouri, "Effet de l'oxygène sur les radiations optiques émises lors de la pulvérisation", Afrique Science, 3 (2008) 339-356.
[43]J. N. Murrell, S. D. Bosanac, "Introduction to the theory of atomic and molecular collisions", Chemical Society Reviews, (1992) 17-28.
[44]I. S. Sharodi, Yu. A. Bandurin, S. S. Pop, "Ion photon emission during ion bombardment of beryllium surface", Nucl. Instr. Meth. B 193 (2002) 699-704.
[45]A. Muller, A. Benninghoven, "Investigation of surface reactions by the static method of secondary ion mass spectroscopy III. The oxidation of vanadium, niobium and tantalum in the monolayer range", Surface Science 39 (1973) 427-436
[46]H. S. Ousmane, T. Elasri, E. Ech-chamikh, M. Azizan, A. Essafti, Y. Ijdiyaou A. Kaddouri, "Optical Emission Spectroscopy Study Of RF Sputtered A-C/WOX Interface", M. J. Condensed Matter, 12 (2010) 284-286.
[47]L. Jadoual, A. El Boujlaidi, M. Ait El Fqih, A. Aamouche, K. Kaddouri, "Optical emission from ion-bombarded nickel and nickel oxide", Spectroscopy Letters, 47 (2014) 363366.
[48]A. Tsukazaki, H. Saito, K. Tamura, M. Ohtani, H. Koinuma, M. Sumiya, S. Fuke, T. Fukumura, M. Kawasaki, "Systematic examination of carrier polarity in composition spread ZnO thin films codoped with Ga and N", Appl. Phys. Lett. 81 (2002) 235-237.
[49]J. C. Pivin, C. Roques-Carmes, G. Slodzian, "Layers formed on Fe-Ni, Fe-Cr, Ni-Cr alloys under ion bombardment in the presence of oxygen", International Journal of Mass spectrometry and ion physics, 31 (1979) 311-332.
[50]a) Radzig, A. A. Smirnov, B. M. Reference Data on Atoms, Molecules, and Ions (Dados de referência sobre átomos, moléculas e iões). Springer-Verlag: Berlim (1985).
b) Linde, D. R. CRC Handbook of Chemistry and Physics, 83ª ed. CRC Press: Washington DC, E 279 (2002).
[51]R. Striganov, N. S. Sventitskii, "Tables of spectral lines of neutral and ionized atoms", IFI/Plenum Data Corporation 1968.
[52]W.F.Van der weg e E. Lugujjo, "atomic collisions in solids", Ed. S. Datz. B. R. Appleton, C. D. Moak, Plenum Press, Nova Iorque, 2 (1975) 511-735.
[53]Michaelson, B. Herbert, "The work function of elements and its periodicity", J. Appl. Phys. 48 (1977) 4729-4733.

[54]W. Hongbin, W. Lai-Sheng. "Estudo do monóxido de níquel (NiO), dióxido de níquel (ONiO) e complexo de Ni (O2) por espetroscopia de fotoelectrões de aniões", J. Chem. Chem. Phys. 107 (1997) 1621.
[55]G. J. M. Janssen, W. C. Neiuwpoort, "Band gap in NiO a cluster study", Phys. Rev. B 38 (1988) 3449-3458.
[56]] C. C. Shull, M. K. Wilkmson, "Neutron Diffraction Studies of Various Transition Elements", Rev. Mod. Phys. 25 (1953) 100-107.
[57]...] David R. Lide, "CRC Handbook of Chemistry and Physics", CRC Press/Taylor and Francis 90th ed. 2009.
[58]Y. Mito, M. Ueda, T. Ohtsuka, "Photo-luminescence from passive oxide films on nickel and chromium by photo-excitation of UV light", corrosion science, 51 (2009) 1540-1544.
[59]R. H. Misho, W. A. Murad, G. H. Fattahallah, "Preparation and optical properties of thin films of CrO_3 and Cr_2O_3 prepared by the method of chemical spray pyrolysis", Thin Solid Film, 169 (1989) 235-239.
[60]M. F. Al-Kuhaili, S. M. A. Durrani, "Optical properties of chromium oxide thin films deposited by electron-beam evaporation", Optical Materials, 29 (2007) 709-713.
[61]P. Hones, M. Diserens e F. levy, "Characterization of sputter-deposited chromium oxide thin films", Surf. and Coat. Tech, 120 (1999) 277-283.
[62]M. Julkarnain, J. Hossain, K. S. Sharif, K. A. Khan, "Temperature effect on the electrical properties of chromium oxide (Cr2O3) thin films", J. of Optoelec. And Adv. Mater, 13 (2011) 485-490.
[63]K. Wagatsuma, "Wavelength table of chromium emission lines in argon glow discharge optical emission spectrometry", J. Anal. Chem. 367 (2000) 414-415.
[64]R. J. Mac Donal, P. J. Martin, "A study of the interaction of oxygen with chromium using ion bombardment induced photon and secondary ion emission", Surface Science, 67 (1977) 237-250.
[65]T. S. Kiyan, V. V. Gritsyna, Ya. M. Fogel, "On the continuous spectrum emitted by particles ejected from the surface of solid targets by an ion beam", Nucl. Inst. Meth. B 132, (1976) 415-417.
[66]Chunhong Li, Feng Pan, Xiujin Wang, Lijuan Wang, He Wang, Haibo Wang, Donghang Yan, "Effect of the work function of gate electrode on hysteresis characteristics of organic thin-film transistors with Ta2O5/polymer as gate insulator", organic Electronics, 10 (2009) 948-953.
[67]Y. Sakisaka, H. Kato, M. Onchi, "Oxygen chemisorption and initial oxidation of Cr (110)", Surface Science, 120 (1982) 150-170.
[68]M. Parker, B. Stec, "An alternative approach to plating of titanium and Ti alloys using carbon foam substrate", Metal Finishing, 110 (2012) 19-22.
[69]J. M-Valtierra, C. F-Reyes, M. O-Morales, "Phase transformation in semi-transparent TiO2 films irradiated with CO2 laser", Materials Letters, 66 (2012) 172-175.
[70]M. Buchalska, M. Surówka, J. Hämäläinen, T. Iivonen, M. Leskelä "Photocatalytic activity of TiO_2 films on Si support prepared by atomic layer deposition", Catalysis Today, 252 (2015) 14-19.
[71]T.E. Parker, Roger Kelly, "Ion-impact chemistry in the titanium-oxygen system (studies on bombardment-enhanced conductivity-III)", Journal of Physics and Chemistry of Solids, 36 (1975) 377-385.
[72]K.V. Korshunov , M.V. Tsarev, V.V. Mokrushin, A.M. Shapovalov, E.V. Zabavin

"Aplicação da espetroscopia de impedância para estudar pós oxidados de hidreto de titânio", Journal of Alloys and Compounds, 645 (2015) 140-143.

[73] A. Imanishi, E. Tsuji, Y. Nakato, "Dependence of the work function of TiO_2 (rutile) on crystal faces, studied by a scanning Auger microprobe", J. Phys. Chem. C, 111 (2007) 21282132.

[74] H. Wu, L.-S. Wang, "Titanium oxide clusters", J. Chem. Phys. 107 (1997) 8221-8228.

[75] D. J. Mowbray, J. I. Martinez, J. M. Garcia Lastra, K. S. Thygesen, K. W. Jacobsen, "Stability and electronic properties of TiO2 nanostructures with and without B and N doping", J. Phys. Chem. C, 113 (2009) 12301-12308.

[76] G. Blaise e G. Slodzian, "Effets comparés de l'oxygène sur l'émission ionique et le potentiel de surface des métaux", Surface Science, 40 (1973) 708-714.

[77] O. Varenne, "Analyse des produits de pulvérisation de métaux et d'oxydes par spectroscopie optique", tese, Université Paris-Sud Orsay (2000).

Distribuição angular

Este estudo centra-se na distribuição angular do produto pulverizado, medida durante o bombardeamento de um alvo por feixe de iões. Para tal, utilizámos parte do espetrómetro SIPS descrito em pormenor no Capítulo 2 desta tese. Utilizámos o canhão de iões e a câmara de amostras deste espetrómetro. Tivemos de colocar uma folha de Mylar nesta câmara, envolvendo o alvo a bombardear. [1]A escolha da folha de Mylar foi justificada pelo facto de ter um coeficiente de ligação próximo da unidade* e de ter uma baixa taxa de libertação de gases durante o bombeamento. Além disso, quando utilizada num solvente, as partículas podem ser facilmente removidas. [2]Os resultados experimentais obtidos são comparados com uma simulação utilizando o programa SRIM** e depois comparados com uma lei que dá a distribuição angular.

Na primeira fase, utilizámos o cobre como alvo de bombardeamento. Este metal foi colocado no centro de um suporte cilíndrico no interior da câmara de amostras ajustável. Em seguida, dobrámos a folha de Mylar na forma cilíndrica do recinto, depois de termos feito um furo para permitir a passagem do feixe de iões. °Depois de bombear e ligar a fonte para produzir o feixe de iões, o alvo de cobre foi bombardeado durante 75 horas com incidência normal (0 em relação à normal da superfície da amostra) por um feixe de iões de crípton com uma energia de 5 keV. A corrente média de iões medida na amostra é praticamente 1,25 μA.

Quando o feixe de iões incide sobre um alvo, a pressão aumenta ligeiramente para 10 7' torr. +Este aumento de pressão deve-se à presença do fluxo de iões incidentes sobre Kr e às partículas pulverizadas resultantes do impacto do feixe de iões com as paredes do diafragma situado imediatamente antes da câmara de amostragem. No interior da câmara, a folha de Mylar assume uma forma cilíndrica de raio R, cujo eixo passa pelo ponto de impacto. A figura 1 mostra um diagrama do cilindro de Mylar com os seguintes parâmetros: a é o ângulo de ataque relativo à normal à superfície da amostra alvo, Θ é o ângulo entre a normal à amostra e o vetor velocidade da partícula ejectada. $\lambda = \mathrm{artan}(\frac{y}{R})$ Um ponto com coordenadas (x,y) nesta folha é assim visto num ângulo λ em relação ao plano de incidência tal que com R o raio do cilindro e μ o ângulo em relação à normal no plano de incidência, ou seja, : $\mu = \frac{x}{R}$.

[1] P.-G. Fournier, O. Varenne, J. Baudon, A. Nourtier, T.R. Govers, "Experiência que combina pulverização catódica por feixe de iões e análise quantitativa ICP-OES: distribuições angulares e rendimento total de titânio pulverizado por iões de crípton de 5 keV", Appl. Surf. Sci. 225 (2004) 135-143.

[2] . F. Ziegler, "SRIM-2003", Nucl. Inst. Meth. B 219 (2004) 1027-1036.

= = = A normal à superfície é definida por μ λ α O

O elemento do ângulo sólido é dado por :

$$d\Omega = \cos^3(\lambda \frac{dS}{R^2})$$

dS é o elemento de superfície da folha de Mylar.

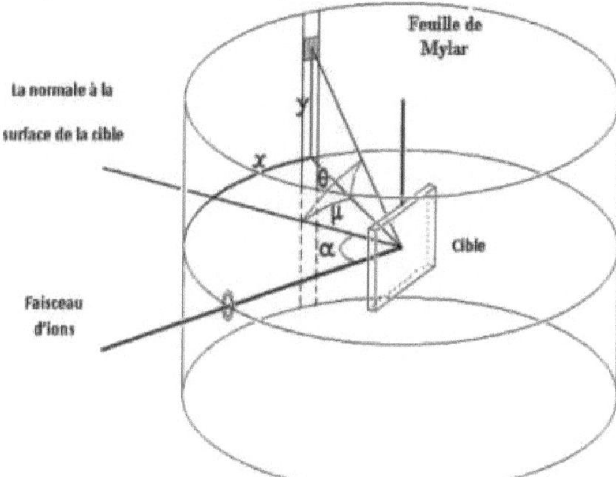

Figura 1: Instalação experimental para recolha de partículas de pulverização

A figura 2 mostra uma imagem da folha de Mylar após a deposição do produto de pulverização. Em torno da abertura (através da qual o feixe passou), encontra-se um ponto elíptico preto com um eixo longo b=68 mm e um eixo curto a=60 mm. Este ponto mostra claramente a deposição de partículas do alvo coladas à folha de Mylar. Além disso, muito perto da abertura, há uma cor preta muito escura, que está muito provavelmente ligada ao grande número de partículas depositadas nesta região da folha de Mylar.

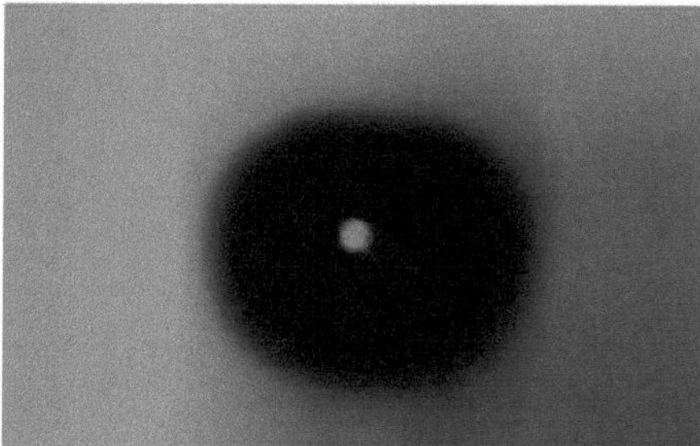

Figura 2: Deposição na folha de Mylar

Em resumo, os resultados deste trabalho são :

> A forma elíptica obtida no substrato do coletor confirma a obtida por simulação utilizando o software SRIM combinado com o software ANGULAR.

> A cratera causada pelo feixe de iões no alvo tem uma forma elíptica. Esta forma deve-se provavelmente ao facto de a direção do feixe não ser perfeitamente perpendicular à superfície da amostra.

> Medindo as dimensões da cratera, foi possível determinar o volume causado pelo feixe de iões e, consequentemente, a quantidade de material ejectado.

A segunda parte deste estudo apresenta os resultados das distribuições angulares obtidas no caso do bombardeamento iónico da liga CuBe com 2% de berílio. °Estas distribuições foram obtidas com ângulos de 0, 30, 70 e 80 em relação à normal à superfície da amostra. O alvo foi bombardeado um período de cerca de 59 horas e a intensidade da corrente de iões flutuou muito ligeiramente em torno de 2,1 μ A.
Para medir a quantidade de material depositado no substrato do coletor, cortámo-lo de acordo com um padrão muito preciso***. [3]Todos os resultados obtidos são pormenorizados na publicação em anexo.
Os pontos mais importantes foram

> A lei seguida é uma lei de sur-coseno (do ângulo entre a direção da partícula ejectada e a normal à superfície).

> A presença de rugosidade significativa induzida pelo condicionamento iónico da superfície.

> A forma das distribuições angulares tende a diminuir mais lentamente para ângulos de incidência maiores, tanto experimentalmente como por simulação.

[3] M. Ait El Fqih, L. Jadoual, A. El Boujlaidi, R. Jourdani e A. Kaddouri, "Estudo comparativo da distribuição angular de átomos de Cu e Be pulverizados a partir de um alvo de liga CuBe sob bombardeamento Kr", J. of Active and Passive Electronic Devices, 10 (2015)
273-281.

Printed by Books on Demand GmbH, Norderstedt / Germany